国家科学技术学术著作出版基金资助出版

金属矿床地下开采协同采矿方法

Synergetic Mining Methods for Metal Deposite in Underground Exploitation

陈庆发 著

科学出版社

北 京

内 容 简 介

随着协同开采理念的深入发展，大量协同采矿方法被发明创造出来，极大地丰富了我国金属矿床地下开采采矿方法体系。作者首次对金属矿床地下开采协同采矿方法进行系统归纳与整理，并集结团队最新研究成果，编写了本书。本书首先介绍协同开采科学命题、当前采矿方法分类存在的问题与修订后的采矿方法分类表；其次介绍协同采矿方法的定义与范畴、发展历程及分类；再次按空场、崩落和充填三大类分别介绍每一种协同采矿方法的提出背景、协同技术原理、技术经济指标及具体实施方式、优缺点、适用条件；最后介绍协同采矿方法协同要素的结构型式与协同效应、协同度测度评价及创新思维与创新技法等。

本书可供金属与非金属矿采矿工程专业科研与工程技术人员、高等院校教师、高年级本科生和研究生参考使用。

图书在版编目(CIP)数据

金属矿床地下开采协同采矿方法 = Synergetic Mining Methods for Metal Deposite in Underground Exploitation/陈庆发著.—北京：科学出版社，2018.11

ISBN 978-7-03-059307-8

Ⅰ.①金…　Ⅱ.①陈…　Ⅲ.①金属矿开采—地下采矿法
Ⅳ.①TD853.3

中国版本图书馆CIP数据核字(2018)第248136号

责任编辑：刘翠娜　崔元春/责任校对：彭　涛
责任印制：张　伟/封面设计：无极书装

科 学 出 版 社 出版

北京东黄城根北街 16 号
邮政编码：100717
http://www.sciencep.com

北京教图印刷有限公司 印刷
科学出版社发行　各地新华书店经销

*

2018 年 11 月第 一 版　开本：720×1000　1/16
2018 年 11 月第一次印刷　印张：10 3/4
字数：200 000

定价：98.00 元

(如有印装质量问题，我社负责调换)

作 者 简 介

陈庆发，男，1979 年 7 月生，河南郸城人，教授，博士生导师，现任广西大学资源环境与材料学院副院长。曾获中国高校矿业石油与安全工程领域优秀青年科技人才奖、湖南省优秀博士学位论文奖；兼任国家科学技术进步奖评审专家、国家自然科学基金评审专家、中国博士后科学基金评审专家、广西大学学报编委、广西高校矿物工程重点实验室副主任、广西锰业人才小高地技术顾问等。

长期从事采矿工艺、岩石力学、工程灾害防治等方面的研究工作。近年来，在非传统采矿工艺与理论、裂隙岩体结构三维解构理论与技术两个领域研究成果突出，先后提出"协同开采"重大采矿科学命题、"同步充填"采矿技术理念，以及岩体结构均质区三维划分方法、岩体质量 RMR_{mbi} 分级方法等学术思想；系统开展了采空区隐患资源协同开采理论、地下矿山岩体结构解构理论、柔性隔离层作用下散体介质流理论、裂隙岩体块体化程度修正理论、结构均质区三维划分与岩体质量分级一体化等原创性研究。

主持国家级、省部级与企业横向科研项目 30 余项；以第一作者和通讯作者在 SCI、EI 检索源期刊发表论文 40 余篇；以第一著者(或独著)出版学术专著《隐患资源开采与空区处理协同技术》《地下矿山岩体结构解构理论方法及应用》等 4 部；获授权国家发明专利 10 余项；获中国有色金属工业科学技术奖一等奖、二等奖和湖南省科学技术进步奖二等奖、广西自然科学奖三等奖等科研奖励 10 余项。

前　言

矿产资源是人类社会生存、发展和国民经济建设中不可缺少、不可替代的物质基础。矿业是工业的命脉，并被誉为"工业之母"，是国民经济的基础产业。我国 95%以上的能源、80%以上的工业原材料和 70%以上的农业生产资料均来自矿产资源。随着我国社会主义建设事业的快速发展，矿产资源开发利用的规模越来越大。与此同时，我国金属矿产资源赋存的基本特点是大型矿床少，中、小矿床多；单金属矿床少，伴生、多金属矿床多；管理粗放，集约化程度低。随着开采强度的增加，易采资源逐步消耗殆尽，一些开采难度大、隐患多、工程目标复杂等难采资源逐渐受到人们的重视。当前，对于这部分复杂难采资源，亟须一些采矿新理念、新命题、新理论、新技术、新方法予以指导。

国家自然科学基金委员会和中国科学院于 2012 年联合出版的《未来 10 年中国学科发展战略：工程科学》指出"复杂难动用资源开采理论与方法"是未来影响我国采矿行业长远发展的理论与技术难点，将"难动用储量的资源开采理论与方法"列为优先资助方向。《2017 年度国家自然科学基金项目指南》也明确指出冶金与矿业学科处于资源、能源和环境的焦点，需求与发展的矛盾突出，需要践行"创新、协调、绿色、开放、共享"的发展理念；在资源开采方面，应注重对采收率方面工程科学问题的研究，并将"矿床资源科学开采理论"列入鼓励研究领域。

采矿方法在地下矿山生产中占据核心地位，矿山所采用的采矿方法是否合理、正确，直接影响矿山的经济效益、生存和发展。如果矿山企业忽视采矿方法的革新与创新，仍惯用或套用一些典型而单一的采矿方法，未必能够取得最好的经济效益，甚至可能出现无法回采而被迫放弃的尴尬局面，从而造成国有宝贵资源的损失。因此，开发与创新一些新型采矿方法，仍将是今后我国复杂难采矿体主管单位亟待解决的技术难题。当前，正值"供给侧结构性改革"的关键时期，采矿工作者仍需大力提倡一些采矿技术新理念及"因矿生法"和"因矿创法"的新思维，摒弃"因法套矿"的旧观念，持续深入地促进采矿方法的科技进步。

2008 年，作者针对采空区隐患资源开采的技术难题，引入协同理念，创造性地提出了"隐患资源开采与空区处理协同的矿业开发新技术模式"，2009年完成了博士学位论文《隐患资源开采与采空区治理协同研究》，自此，我国采矿工程学术界拉开了"协同开采"研究的序幕。2011年，作者明确给出了协同开采的定义及其技术体系，同年出版了国内第一本协同开采方面的学术专著《隐患资源开采与空区处理协同技术》。所谓协同开采，简言之，就是矿山开采全过程中资源开采行为与灾害处理行为及其他技术行为的合作、协调与同步，使矿山开采系统输出较高的协同效应。时至今日，协同开采理念已被我国矿业行业广泛采用，相关理论和技术开发研究已然成为采矿学者开展学术研究的一个热点。

随着协同开采理念的深入发展，我国学者提出和发明了大量协同采矿方法(典型方案)，如大量放矿同步充填无顶柱留矿采矿方法、分段凿岩并段出矿分段矿房采矿法、电耙–爆力协同运搬伪倾斜房柱式采矿法、浅孔凿岩爆力–电耙协同运搬分段矿房采矿法、卡车协同出矿分段凿岩阶段矿房采矿法、柔性隔离层充当假顶的分段崩落协同采矿法、底部结构下卡车直接出矿后期放矿充填同步水平深孔留矿法等。这些协同采矿方法的提出，极大地丰富了我国金属矿床地下开采采矿方法体系，积极地影响着我国采矿工作者的思想变革，有力地促进了我国金属矿床地下开采技术水平的进步。

但截至本书出版，通过文献检索可知尚未有其他学者对我国金属矿床地下开采协同采矿方法进行系统归纳与整理；且该类采矿方法存在概念与范畴缺失、命名不规范、技术特点阐述不清晰、类组归属混乱等问题，令众多从业人员无法顺利掌握，新方法亦难以广泛地推广应用。为解决这一系列问题，作者历经数年独立思考，不断强化对协同采矿方法的内涵式理解，不断积累相关学术研究成果，反复修改与完善书稿，直至今日付梓。

本书整体上可分为三个部分。第一部分为协同采矿方法的公共基础，其中第1章为协同开采科学命题，介绍了现有的几种采矿与环境关系可调和理念、我国金属矿产资源开发理念需求、协同开采的定义、协同开采与现有几种可调和采矿理念的关系、协同开采科学命题提出的意义、协同开采技术体系、协同开采发展形势；第2章为采矿方法分类表的修订，介绍了采矿方法分类法的发展脉络、当前采矿方法分类存在的问题、空场嗣后充填采矿法的内涵、组合式采矿法与联合式采矿法的归类、部分采矿方法称谓的修改、修订后的采矿方法分类表；第3章为协同采矿方法的发展历程与分类，介绍了采矿方法创新的必要性、协同采矿方法的定义与范畴、发展历程(2009～2018年)及分类。第二部分为具体协同采矿方法的内容介绍，第4～6章分别介绍了我国学者提出、发明的空场、崩落和充填三大类协同采矿方法(典型案例)的提出背景、协同技术原理、技术经济指标、具体实施方式、优缺点、适用条件。第三部分为作者团队的最新相关研究成果,其中第7章协同采矿方法协同度测度评价,介绍了采矿方法系统结构、各协同采矿方法协同要素的结构型式与协同效应及协同采矿方法的协同度测度评价方法、评价指标体系与赋值、评价过程和结果等内容;第8章协同采矿方法的创新思维与创新技法,介绍了创新思维与创新技法对采矿方法创新的助推作用、工程类常用的几种创新思维与创新技法、各协同采矿方法的创新思维与创新技法、各创新思维与创新技法所占的比重和启示。

需要说明的是:①本书因所收录的协同采矿方法大都提出时间比较短,且因实践周期长(行业典型特点)、应用成效数据不充分,因此对其实践成效部分未予介绍;②因专利授权时效及创新性、安全性、可操作性等因素,部分申请专利暂时未能获得授权,本书的出版主旨在于总结金属矿床地下开采协同采矿方法的现有成果,并以此抛砖引玉、启迪创新、引领实践、推动进步;③出于对发明人知识产权的尊重,本书中部分专利名称整体上仍沿用了申请专利的原有名称。

本书受到广西自然科学基金联合资助培育项目(2018GXNSFAA138105)及国家科学技术学术著作出版基金资助项目(2017-E-114)的资助;书稿撰写过程中参阅了相关学者的文献、发明专利和学术著作;胡华瑞、蒋腾龙协助撰写了第7章,金家聪协助撰写了第8章,硕士、博士研究生陈青林、刘俊广、李世轩、李旭东、高飞红等在资料收集、绘图、校对等方面做了大量工作,在此一并表示感谢!

本书是继《隐患资源开采与空区处理协同技术》之后,作者在协同开采领域出版的第二部专著。希望本书能为金属矿床协同开采领域的理论研究与技术开发提供借鉴,能为更多新型协同采矿方法的发明创造提供启迪,能为我国金属矿床地下开采技术水平的进步提供动力。

由于作者水平有限,书中难免存在不足之处,恳请读者批评指正!

作　者

2018 年 10 月于广西大学

目　　录

前言
第1章　协同开采科学命题 ································· 1
　1.1　现有的几种采矿与环境关系可调和理念 ············ 1
　1.2　我国金属矿产资源开发理念需求 ················· 2
　1.3　协同开采的定义 ····························· 3
　1.4　协同开采与现有几种可调和采矿理念的关系 ········· 4
　1.5　协同开采科学命题提出的意义 ·················· 5
　1.6　协同开采技术体系 ·························· 5
　1.7　协同开采发展形势 ·························· 6
　参考文献 ···································· 7
第2章　采矿方法分类表的修订 ······················· 9
　2.1　采矿方法分类法的发展脉络 ··················· 9
　2.2　当前采矿方法分类存在的问题 ················· 12
　2.3　空场嗣后充填采矿法的内涵 ·················· 15
　2.4　组合式采矿法与联合式采矿法的归类 ············· 17
　2.5　部分采矿方法称谓的修改 ···················· 18
　2.6　修订后的采矿方法分类表 ···················· 19
　参考文献 ··································· 21
第3章　协同采矿方法的发展历程与分类 ················· 22
　3.1　采矿方法创新的必要性 ····················· 22
　3.2　协同采矿方法的定义与范畴 ·················· 22
　3.3　协同采矿方法的发展历程 ···················· 23
　　3.3.1　发展形势 ··························· 23
　　3.3.2　发展历程 ··························· 25
　3.4　协同采矿方法的分类 ······················ 28
　参考文献 ··································· 29
第4章　空场类协同采矿方法 ························ 31
　4.1　采场台阶布置多分支溜井共贮矿段协同采矿方法 ······ 31

4.2 电耙-爆力协同运搬伪倾斜房柱式采矿法 ······ 33

4.3 一种缓倾斜薄矿体采矿方法 ····························· 37

4.4 浅孔凿岩爆力-电耙协同运搬分段矿房采矿法 ······ 40

4.5 分段凿岩并段出矿分段矿房采矿法 ··················· 44

4.6 卡车协同出矿分段凿岩阶段矿房法 ··················· 47

4.7 协同空区利用的采矿环境再造无间柱分段分条连续采矿法 ······ 50

4.8 一种地下矿山井下双采场协同开采的新方法 ······ 57

参考文献 ··· 60

第5章 崩落类协同采矿方法 ······························· 61

5.1 柔性隔离层充当假顶的分段崩落协同采矿方法 ······ 61

5.2 卡车协同出矿有底柱分段崩落法 ····················· 64

5.3 立体分区大量崩矿采矿方法 ··························· 67

5.4 一种连续崩落采矿方法 ································· 70

参考文献 ··· 73

第6章 充填类协同采矿方法 ······························· 74

6.1 大量放矿同步充填无顶柱留矿采矿法 ··············· 74

6.2 垂直孔与水平孔协同回采的机械化分段充填采矿法 ······ 77

6.3 分条间柱全空场开采嗣后充填协同采矿法 ·········· 80

6.4 组合再造结构体中深孔落矿协同锚索支护嗣后充填采矿法 ······ 84

6.5 底部结构下卡车直接出矿后期放矿充填同步水平深孔留矿法 ······ 88

6.6 厚大矿体无采空区同步放矿充填采矿方法 ·········· 91

6.7 垂直深孔两次放矿同步充填阶段采矿法 ············· 95

参考文献 ··· 98

第7章 协同采矿方法协同度测度评价 ··················· 99

7.1 采矿方法系统结构 ····································· 99

7.1.1 采矿方法的要素组成 ······························· 99

7.1.2 采矿方法的系统结构图 ···························· 101

7.2 各协同采矿方法协同要素的结构型式与协同效应 ······ 102

7.3 协同采矿方法的协同度测度评价方法 ·············· 118

7.4 协同采矿方法的协同度测度评价指标体系与赋值 ······ 124

7.4.1 协同采矿方法评价指标体系 ····················· 124

7.4.2 协同熵评价打分与权重赋值方法 ················ 125

7.5 协同采矿方法的协同度测度评价过程与结果 ······· 130

　　　　7.5.1　协同度测度评价过程 ································· 130
　　　　7.5.2　19 种协同采矿方法协同度测度评价结果 ··············· 139
　　参考文献 ·· 141
第 8 章　协同采矿方法的创新思维与创新技法 ················· 142
　　8.1　创新思维与创新技法对采矿方法创新的助推作用 ·········· 142
　　8.2　工程类常用的几种创新思维与创新技法 ·················· 142
　　　　8.2.1　创新思维与创新技法的关系 ························· 142
　　　　8.2.2　工程类常用的创新思维与创新技法的对应关系 ········· 143
　　　　8.2.3　工程类常用的创新思维 ····························· 143
　　　　8.2.4　工程类常用的创新技法 ····························· 144
　　8.3　各协同采矿方法的创新思维与创新技法 ·················· 146
　　8.4　各创新思维与创新技法所占的比重 ······················ 152
　　　　8.4.1　各创新思维在各协同采矿方法创新活动中的应用情况 ····· 152
　　　　8.4.2　各创新技法在各协同采矿方法创新活动中的应用情况 ····· 153
　　　　8.4.3　各创新思维与创新技法在现有协同采矿方法中所占的比重 ··· 156
　　8.5　启示 ··· 157
　　参考文献 ·· 158

第1章 协同开采科学命题

1.1 现有的几种采矿与环境关系可调和理念

矿产资源是人类社会生存、发展和国民经济建设中不可缺少、不可替代的物质基础，矿业是工业的命脉，并被誉为"工业之母"，是国民经济的基础产业[1]。我国 95%以上的能源、80%以上的工业原材料和 70%以上的农业生产资料都来自矿产资源。随着我国社会主义建设事业的快速发展，矿产资源开发利用的规模越来越大。预计未来 20～30 年，将是我国历史上最集中需求矿产品的高峰期。

矿业在给人类带来巨大财富的同时，也成为人类对地球环境破坏最主要的破坏源、污染源和灾害源[2]。矿业的无序开发，不仅引起了全球性的严重的环境负效应与生态问题，而且造成了不少矿产资源严重短缺，给全球经济发展带来了严重的影响和危害。

事实上，采矿与环境之间的关系，并不是不可调节、不可调和的。近年来，在可持续发展理念的指引下，人们逐渐突破了传统思想观念的禁锢，积极探索开采技术变革与创新，涌现出了无废开采、协调开采、绿色开采和采矿环境再造四种调和采矿与环境关系的采矿理念。这些新理念体现了国际采矿界在思维方法和采矿技术上的发展趋势，对矿业朝着绿色、安全、高效、环保、可持续等方向发展起到积极的推进作用。

1) 无废开采

1984 年联合国欧洲经济委员会在塔什干召开了无废工艺国际会议[3]，对矿业开发产生的环境负效应与无废开采的意义及整治方法进行了充分的论述。所谓无废开采[4]，就是最大限度地减少废料的产出、排放，提高资源综合利用率，减轻或杜绝矿产资源开发的负面影响的工艺技术，通过提高资源综合利用率、实现废料产出最小化、推动废料资源化、研究高技术的特殊采矿方法四个方面的途径去实现。

2) 协调开采

协调开采理念是由苏联的库里巴巴于 1987 年提出的[5]，关守仁于 1990

年将该理念引入我国。该理念的实质是根据不同的受护对象，通过合理布设开采工作面，如合理设计工作面之间的相对位置、回采顺序等，让各工作面开采的相互影响能够有利叠加，使叠加后的变形值小于受护对象的允许变形值，以达到减小开采对受护对象的影响的目的。

3) 绿色开采

绿色开采理念是由我国著名的煤炭开采专家、中国工程院院士钱鸣高[6]于 2003 年提出的。绿色开采的概念是立足于煤炭开采的源头，通过采煤方法、岩层控制及相关技术、研究试验平台等的研究和建设，解决传统采煤工艺造成的生态与环境问题，实现煤炭资源的环保、高效、高回采率和安全开采，从根本上解决煤炭开采产出率低与生态环境破坏严重等问题，实现采矿工业的可持续发展。

4) 采矿环境再造

为了实现复杂条件下软破矿体安全高效的回采，我国著名金属矿采矿专家、中国工程院院士古德生于 2006 年提出了"采矿环境再造"命题[7]，其基本内涵是"突破传统的采矿方法设计思想的限制，应用新的理论、方法和技术，营造一个良好的矿岩开采环境，最终实现矿石资源的高效回采"。广义的"采矿环境再造"还包括矿山环境修复。

1.2 我国金属矿产资源开发理念需求

我国是世界矿产资源大国，但不是矿业强国。与世界上绝大多数国家相比，我国主要矿产资源储量较丰富，但人均占有量少，赋存条件复杂，某些重要矿产资源短缺。具体到金属矿产资源赋存状况，其特点主要是大型矿床少、中、小矿床多；单金属矿床少，伴生、多金属矿床多；管理粗放，集约化程度低[8]。

随着开采强度的增加，浅中部易采资源逐步消耗殆尽。那些开采难度大、隐患多、工程目标复杂或传统采矿技术无法回采的浅中部复杂难采资源及埋藏于千米以下的深部资源逐渐受到人们的重视[9]。当前，对于这部分复杂难采资源的开发利用，亟须一些采矿新理念、新命题、新理论、新技术、新方法予以指导。

国家自然科学基金委员会和中国科学院 2012 年联合出版的《未来 10 年中国学科发展战略：工程科学》[10]指出"复杂难动用资源开采理论与方法"等是未来影响我国采矿行业长远发展的理论与技术难点，将"难动用储量的资源开采理论与方法"列为优先资助方向。《2017 年度国家自然科学基金项目指南》[11]也明确指出冶金与矿业学科处于资源、能源和环境的焦点，需求与发展的矛盾突出，需要践行"创新、协调、绿色、开放、共享"的发展理念；在资源开采方面，应注重对采收率方面工程科学问题的研究，并将"矿床资源科学开采理论"列入鼓励研究领域。

1.3　协同开采的定义

1) 系统概念

1886 年恩格斯阐述了系统的哲学概念[12]；20 世纪 40 年贝塔朗菲[13]在《一般系统论：基础、发展和应用》著作中明确定义了系统是由多个相互联系、相互作用的组成要素构成的综合体；钱学森[14]从技术角度定义了系统是由相互制约的各部分组成的具有一定功能的整体；汪应洛[15]则认为系统是由具有特定功能的、相互间具有联系的许多要素构成的一个整体。人类对于系统的概念研究由来已久，但没有统一的说法，一般认为系统是指由相互联系和相互制约的若干部分组成，具有特定功能的有机整体，其主要表现出整体性、层次性、关联性、有序性、自适应性、自组织性、功能性等特征[16]。

2) 协同理念

协同理念自 20 世纪 60 年代由 Ansoff[17]首次提出后，一直成为理论界、企业界、工程界研究的很多问题的指导原则[18,19]。所谓协同指的是事物与事物之间的一种关系，一种相互之间和谐与正向配合的关系。

系统协同指的是通过某种方法来组织和调控所研究的系统，寻求解决矛盾或冲突的方案，使系统从无序转换为有序，达到协同或和谐的状态。

系统协同的目的就是减少系统的负效应，提高系统的整体输出功能和整体效应。

3) 协同理念的引入

2008 年，作者在"十一五"国家科技支撑计划课题(2006BAB02B04-1-1-2)的资助下，针对广西高峰矿采空区隐患资源开采的技术难题，基于对采矿与环境关系可协调理念的认识，引入协同理念，创造性地提出了"隐患资源开采与空区处理协同的矿业开发新技术模式"，系统开展了采空区隐患资源协同开采理论与工程应用研究，发明了协同空区利用的采矿环境再造无间柱分段分条连续采矿法和采矿环境再造分层分条中深孔落矿采矿方法，提出层间优化开采的协同设计原则，证明了框架式采场结构无须全部充满的力学原理，研究了采场盈余空间作为通风和充填通道的协同利用问题，完成了高峰矿 1 矿段单空区和多空区条件下隐患资源协同开采设计，于 2009 年完成了博士学位论文《隐患资源开采与采空区治理协同研究》[20]。自此，国内采矿工程学术界拉开了"协同开采"研究的序幕。2011 年，陈庆发等[21,22]明确地给出了协同开采的基本定义，指明了协同开采命题提出的意义，构建了协同开采的技术体系；同年，陈庆发和周科平[23]合著出版了国内第一部协同开采领域的学术专著《隐患资源开采与空区处理协同技术》。

4) 协同开采定义

所谓协同开采，是指拟采矿床赋存有其他影响有序开采的隐患因素(如空区隐患、水灾隐患等)时或者伴随着其他工程目的(如降低某种开采损害的程度、强化围岩的支护等)，通过采取某种或某些工程技术措施(包括采矿方法、岩层控制技术、灾害控制技术及其他相关技术等)，能够在实现资源开采的同时，和谐处理其他不良隐患因素的影响，或者同时达到多种工程目的，从而收到双赢或多赢的工程效果，最终促进禀赋资源安全、高效、绿色、和谐开采。

简言之，协同开采就是矿山开采全过程中资源开采行为与灾害处理行为及其他技术行为合作、协调与同步，使得矿山开采系统输出较高的协同效应。这里，对文献[21]和[22]中的协同开采的定义进行了细微修改。

1.4　协同开采与现有几种可调和采矿理念的关系

无废开采重点强调的是在采矿工艺实施过程中最大限度地做到无废、少废；协调开采的重点是合理设计工作面时空顺序，减少受护对象的损害；绿色开采的重点是从源头上通过采煤方法、岩层控制及相关技术，减少对环境的破坏；采矿环境再造强调的是为复杂难采、软破矿体营造一个良好的矿岩开采环境；协同开采与协调开采从概念上相近，其不同的是协同开采更注重隐患资源的和谐开采问题或具有多种工程目的的资源开采问题。

如果要求和谐处理工程隐患，同时又要求满足一定的工程目的，那么开发协同开采技术的难度剧增，因此，协同开采往往是一种对技术起点要求较高的综合性或耦合性集成技术。无废开采与绿色开采都有减少对环境破坏的目的，差别在于无废开采注重提高资源利用率，绿色开采注重提高资源回采率。无废开采、绿色开采、协调开采是减少对环境的后期破坏，协同开采更为强调的是在某种程度上已经破坏的环境下如何进行资源的和谐开采，但也包含从源头上主动采取措施减少对环境的后期破坏的含义，如对于具有多种工程目的的资源，应当考虑从源头上如何开展禀赋资源协同开采的顶层规划与设计。采矿环境再造强调的是对原生或次生不良环境进行人工再造，为采矿行为提供安全空间，打破了传统的采矿方法之间的界限。

协同开采理念具有较大的可耦合性与包容性，可与其他理念耦合形成新的复合理念，从而为我国各种复杂条件下的矿产资源的安全高效开采提供更为广泛的指导作用，如与无废开采耦合可形成无废协同开采理念、与绿色开采耦合可形成绿色协同开采理念、与采矿环境再造耦合可形成协同再造理念等。

1.5　协同开采科学命题提出的意义

协同开采作为一种新命题、新理念，它的提出具有以下开创性的意义。

(1)新命题改变了人们常规先治理隐患后进行资源开采或逐个实现多种工程目的的观念，而观念的改变，对于科学技术的进步同样有着重大与深远的影响；

(2)新命题为具有不同隐患复杂难采矿体或具有特殊复杂工程目的资源和谐有序地开发指明了一条科学可行的发展之路，对于采矿工业的发展具有重要的先导作用；

(3)新命题是继绿色开采、采矿环境再造命题之后，我国学者独立提出的又一重大采矿科学命题，进一步丰富与发展了我国固体矿床开采理论。

1.6　协同开采技术体系

分析固体矿床赋存的隐患因素和伴随工程目的，形成协同开采总目标。按照实现总目标的时间先后顺序，将协同开采划分为 3 个时期，即协同前期、协同中期和协同后期。各个时期的研究任务的侧重点不同，对应的技术需求不同。将不同时期的技术集成，构成了协同开采技术体系，如图 1-1 所示。解决各个时期的技术问题，是有效实现矿山协同开采的前提。

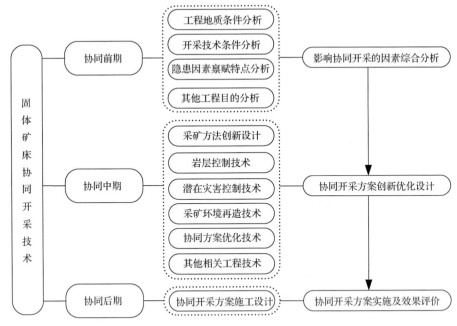

图 1-1　协同开采技术体系

　　协同前期的工作重心在于分析矿床赋存的工程地质条件、开采技术条件、隐患因素禀赋特点及其他工程目的，切实弄清影响矿床开采的主要影响因素，以及各影响因素的作用规律及作用程度的序列分析。协同中期的主要目标是做出协同开采方案设计，为此，需要研究隐患因素作用下或兼负不同工程目的的采矿方法创新设计、岩层控制技术、潜在灾害控制技术、采矿环境再造技术、协同方案优化技术及其他相关工程技术，在此基础上，基于协同理念、方案优化设计的原则与技术，耦合前述各项技术，开展协同开采方案创新优化设计工作。协同后期执行协同开采创新优化设计方案，开展协同开采方案施工设计工作，实施目前矿床的协同开采、开采过程及闭坑后开展相关效果评价工作，总结经验，完善相关技术。

1.7　协同开采发展形势

　　协同开采理念一经提出，便迅速在行业内受到广泛重视。时至今日，协同开采理念已被国内约 30 多家矿业科研院所广泛接受。有关协同开采理论与技术研究的课题被国家科技支撑计划、国家重点研发计划、国家自然科学基金等国家级项目及省级科学研究计划与基金项目资助的消息时常见有报道，有关协同开采技术研究的企业横向课题也大幅度增加，已公开发表(出版)相关研究论文(著)达 20 多篇(部)，已公示协同开采方案、协同采矿方法专利 20 余项，各级各类国内外矿业大会也经常见到有关协同开采的专题报告，以及相关国家级、省部级科技奖励等。例如，2012 年，作者的博士学位论文《隐患资源开采与采空区治理协同研究》获得中南大学博士学位论文奖和湖南省优秀博士学位论文奖；2014 年，作者申报的"柔性隔离层作用下散体介质流理论研究"项目受到国家自然科学基金的支持；2015年，广西大学研究成果"协同开采与采空区协同利用理论"获得广西科学技术奖(自然科学奖)三等奖；2016 年，国家"十三五"重点研发计划"深部岩体力学与开采理论"项目将"深部金属矿协同开采理论与技术"列入课题之一。

可见，协同开采理论研究和技术开发正逐渐成为我国采矿学者开展学术研究的一个热点，有关研究方兴未艾。

参 考 文 献

[1] 黄建明. 我国有色金属矿业的形势与对策建议[J]. 世界有色金属, 1999, (2): 17-19.

[2] 桂祥友, 马云东. 矿山开采的环境负效应与综合治理措施[J]. 工业安全与环保, 2004, 30(6): 26-28.

[3] 彭怀生. 无废开采技术应用现状及实例分析[J]. 矿业装备, 2011, 1(8): 54-57.

[4] Azapagic A. Developing a frame work for sustainable development indicators for the mining and minerals industry[J]. Journal of Cleaner Production, 2004, 12(6): 639-662.

[5] 库里巴巴 C B, 关守仁. 采用协调开采法回收井筒煤柱的经验[J]. 矿山测量, 1990, 18(3): 57-59.

[6] 钱鸣高. 绿色开采的概念与技术体系[J]. 煤炭科技, 2003, 24(4): 1-3.

[7] 周科平, 高峰, 古德生. 采矿环境再造与矿业发展新思路[J]. 中国矿业, 2007, 16(4): 34-36.

[8] 曹新元, 吕古贤, 朱裕生. 我国主要金属矿产资源及区域分布特点[J]. 资源产业, 2004, 6(4): 20-22.

[9] 袁颖, 毛晓冬. 矿产资源的综合开发利用及矿山环境的保护[J]. 矿物学报, 2015, 27(S1): 833.

[10] 国家自然科学基金委员会. 未来 10 年中国科学发展战略(工程科学)[M]. 北京: 科学出版社, 2012.

[11] 国家自然科学基金委员会. 2017 年度国家自然科学基金项目指南[EB/OL]. 2017-04-05. http://www. nsfc.gov.cn/nsfc/ cen/xmzn/2017xmzn/index.html.

[12] 中共中央马克思恩格斯列宁斯大林著作编译局. 马克思恩格斯选集第4卷[M]. 北京: 人民出版社, 1972.

[13] 贝塔朗菲. 一般系统论: 基础、发展和应用[M]. 林康义, 魏宏森译. 北京: 清华大学出版社, 1987.

[14] 钱学森. 一个科学新领域: 开放的复杂巨系统及其方法论[J]. 自然杂志, 1990, 13(1): 7-10, 64.

[15] 汪应洛. 系统工程学及其发展趋势[J]. 制造业自动化, 1979, 1(1): 24, 36-43.

[16] 陈祖爱, 唐雯, 张冬丽. 系统运行绩效评价研究[M]. 北京: 科学出版社, 2009.

[17] Ansoff H I. Corporate Strategy[M]. New York: Mc Graw Hill, 1965.

[18] Haken H. Synergetics: From pattern formation to pattern analysis and pattern recognition[J]. International Journal of Bifurcation and Chaos, 1994, 4(5): 1069-1083.

[19] Daffershofer A, Haken H. Synergetic computers for pattern recognition-a new approach to recognition of deformed patterns[J]. Pattern Recognition, 1994, 27(12): 1697-1705.

[20] 陈庆发. 隐患资源开采与采空区治理协同研究[D]. 长沙: 中南大学, 2009.

[21] 陈庆发, 周科平, 古德生. 协同开采与采空区协同利用[J]. 中国矿业, 2011, 20(12): 77-80, 102.

[22] 陈庆发, 苏家红. 协同开采及其技术体系[J]. 中南大学学报: 自然科学版, 2013, 44(2): 732-737.

[23] 陈庆发, 周科平. 隐患资源开采与空区处理协同技术[M]. 长沙: 中南大学出版社, 2011.

第 2 章 采矿方法分类表的修订

2.1 采矿方法分类法的发展脉络

1)采矿方法基本概念

金属矿床地下开采时,首先把井田(矿田)划分为阶段(盘区),其次再把阶段(盘区)划分为矿块(采区)。矿块(采区)是井下最小的、独立的回采单元。

金属矿床地下采矿方法就是从矿块(采区)采出矿石的方法,是指在矿块(采区)中所进行的采准、切割及回采工作的总和[1]。

采矿方法主要包括采场结构和采场回采工作两大方面。采场结构与采场回采工作是相互联系的,采场结构随着采场回采工作的需要而变化。因此,采场回采工作是决定采矿方法的本质的主要方面。采场结构包括采场型式、结构参数、采准工程、切割工程等。采场回采工作主要包括地压控制及落矿和矿石运搬两个方面,其中地压控制是主要方面,它决定了采场能否按期生产,落矿和矿石运搬能否顺利进行。

2)采矿方法分类的目的与要求

金属矿床地下采矿方法分类是采矿科学领域一个非常重要的基础问题,也是一个必须合理解决的课题。金属矿床埋藏条件复杂,矿石和围岩性质多变,同时伴随着采矿设备和工艺的不断发展和完善,为便于了解各种采矿方法的特征和共性,从而研究和寻求新的采矿方法,同时又能正确选择应用采矿方法,应对现代采矿方法进行科学的分类。

采矿方法分类应满足以下基本要求。

(1)分类应该简单明了,能够清楚地反映每类采矿方法的主要特征;

(2)分类不应过于庞杂,但要包括当前使用的和有发展前景的所有采矿方法,明显落后或趋于淘汰的采矿方法应该删除;

(3)分类要使类与类、组与组之间有鲜明的界限;

(4)能够确切反映各类和各组采矿方法的实质,便于比较和评价采矿方法,避免选择采矿方法时纠缠不清;

(5)采矿方法命名应当科学、统一、标准，便于理解、学习和技术交流。

3)分类法的发展脉络

对采矿方法进行分类具有重要意义，人们在生产实践的基础上，提出了20多种采矿方法分类，所用的分类原则各不相同，或者按照采场支护方法，或者按照落矿方法，或者按照矿床规模或形状，或者按照综合特征等。

美国地质学家麦克利兰(J. F. Meclelland)于1933年和1936年两次提出了较为完善的采矿方法分类法，这个时期采矿方法分类法存在分类特征不明显、不统一、界限不清等缺点。苏联的阿果什科夫(М. И. Агошков)于1954年，卡普隆诺夫(Р. П. Каплунов)于1955年分别提出了更完善的采矿方法分类，此后，国外采矿方法分类基本定型[2]。近年来，随着深井开采的发展，充填法在进行分类研究时受到关注[3]。部分国外学者对充填采矿方法进行了较为详细的划分，由于缺乏典型的采矿方法应用案例作为支撑，充填采矿方法的分类仅限于理论阶段[4]。

我国的采矿方法分类法也是几经变革、不断完善，很多采矿学者做了大量工作，相关文献亦比较丰富。例如，东北工学院(现东北大学)[5]1958年5月在《采矿译本》上发表"关于金属矿床地下采矿方法分类问题"一文；北京钢铁学院[6]1959年5月合编了《金属矿床开采》一书；张玉清[2]1975年发表了"关于金属矿床地下采矿方法分类的探讨"一文；甘肃金川有色金属公司龙首矿生产技术科[7]1977年发表了"对金属矿床地下采矿方法分类的看法"一文；解世俊[8]1979年主编了《金属矿床地下开采》一书；采矿手册编辑委员会[9]1988年主编了《采矿手册》；采矿设计手册编写委员会[10]1989年主编了《采矿设计手册》；任新民[11]1995年发表了"关于采矿方法几个问题的讨论"一文；王青和史维祥[12]2001年主编了《采矿学》一书；张世雄[13]2005年主编了《固体矿物资源开发工程》一书；孙豁然等[14]2010年发表了"论金属矿床地下开采采矿方法称谓"一文；王青和任凤玉[15]2011年主编了《采矿学》(第2版)一书；王运敏[16]2012年主编了《现代采矿手册》等。

上述文献中的3篇文献对于我国采矿方法分类法发展具有里程碑式的指导作用。

(1)"关于金属矿床地下采矿方法分类的探讨"一文，将采矿方法划分为空场采矿法、留矿采矿法、充填采矿法、支柱及支柱充填采矿法、崩落采矿法五大类，从分类的原则性、分类界限的鲜明性、容易引起分类的混乱性及矿柱和矿房回采时间安排的本质 4 个方面论证不应该单独列出联合采矿法，这一论证回答了"矿块范围(采区)回采会不会存在联合采矿法"问题，即不应该列出联合法。

(2)"对金属矿床地下采矿方法分类的看法"一文，讨论了"关于金属矿床地下采矿方法分类的探讨"一文的五大类采矿方法分类法的缺点，首次提出了空场采矿法、充填采矿法、崩落采矿法三大类分类方法，论证了留矿采矿法、支柱及支柱充填采矿法不宜列为一类独立的采矿方法；将回采时充填工序是否影响相邻采场的正常回采作为标准，来判断该采矿方法是否属于充填采矿法或空场采矿法，影响的归于充填采矿法，不影响的归于空场采矿法；而采空区处理，可以在全中段回采完毕之后，也可以在数年之后再进行充填，且充填与否很少影响其他采场的回采。

(3)"关于采矿方法几个问题的讨论"一文，明晰了易于混淆的回采单位、采准、切割等概念；认为《采矿手册》中"以采空区维护方法为分类依据"的说法不如解世俊主编的《金属矿床地下开采》(第 2 版)中"以回采时的地压管理方法为依据"的说法更为确切；认为将地压管理方法只有限定在回采时的区限上才有意义，这是因为回采工作结束后所留下的采空区可以用完全不同于回采期间的地压管理方法进行管理。

根据这三篇里程碑式的文献论述，可以明确地得出如下结论。

(1)采矿方法不应该列出联合法；

(2)支柱及支柱充填采矿法不宜列为一类独立的采矿方法，应归为充填采矿法一类；

(3)采矿方法分类应以回采时的地压管理方法为依据；

(4)对于嗣后充填来说，如果充填仅仅是为了处理采空区，不是回采时相邻采场正常回采的必要保障条件，相应的采矿方法仍为空场采矿法；如果是矿房采完后立即充填，充填是矿房回采工作的继续，相应的采矿方法为充填采矿法。

这些结论对于确定本书推荐的采矿方法分类及后续协同采矿方法类组归属具有重要的基础意义。此外，"论金属矿床地下开采采矿方法称谓"一文对于采矿方法分类过程中有关采矿方法称谓的随意性、过时性和多义性等问题进行了充分地探讨，该文对于我国金属矿床采矿方法命名的规范性和分类表的修订具有较好的参考价值。

2.2　当前采矿方法分类存在的问题

采矿方法分类虽然经过上百年的发展，但是直至今日仍然显得有些混乱，很多文献资料均不统一，即便是采矿从业人员使用最多的权威文献《采矿手册》《采矿设计手册》也不一致。这些不统一、不一致主要表现为现有文献对采矿方法分类时分组及典型方案的划分不尽相同、采矿方法的称谓不一致、分类表格式不相同、分类结果不一致、历史上多次论证不合适的分类法仍有文献在用等。这些问题给采矿方法研究人员带来了困扰。

我国采矿从业人员参考使用最为频繁的《金属矿床地下开采》（第 2 版）、《采矿手册》、《采矿设计手册》3 部主要文献资料的采矿方法分类表分别见表 2-1～表 2-3。

表 2-1　《金属矿床地下开采》(第 2 版)中金属矿床地下采矿方法分类表

类别	组别	典型采矿方法
空场采矿法	1.全面采矿法 2.房柱式采矿法 3.留矿采矿法 4.分段矿房采矿法 5.阶段矿房采矿法	(1)全面采矿法 (2)房柱式采矿法 (3)留矿采矿法 (4)分段矿房采矿法 (5)水平深孔落矿阶段矿房采矿法 (6)垂直深孔落矿阶段矿房采矿法 (7)垂直深孔球状落矿阶段矿房采矿法
充填采矿法	6.单层充填采矿法 7.分层充填采矿法 8.分采充填采矿法 9.支架充填采矿法	(8)壁式充填采矿法 (9)上向水平分层充填采矿法 (10)上向倾斜分层充填采矿法 (11)下向分层充填采矿法 (12)分采充填采矿法 (13)方框支架充填采矿法
崩落采矿法	10.单层崩落采矿法 11.分层崩落采矿法 12.分段崩落采矿法 13.阶段崩落采矿法	(14)长壁式崩落采矿法 (15)短壁式崩落采矿法 (16)进路式崩落采矿法 (17)分层崩落采矿法 (18)无底柱分段崩落采矿法 (19)有底柱分段崩落采矿法 (20)阶段强制崩落采矿法 (21)阶段自然崩落采矿法

表 2-2　《采矿手册》中我国金属和非金属矿床地下采矿方法分类表

类别	组别	典型方案
空场采矿法	全面采矿法	留不规则矿柱全面采矿法 留规则矿柱全面采矿法
	房柱式采矿法	留连续矿柱房柱式采矿法 留间隔矿柱房柱式采矿法
	留矿采矿法	浅孔留矿采矿法
	分段矿房采矿法	分段矿房采矿法
	阶段矿房采矿法	水平深孔阶段矿房采矿法 垂直深孔阶段矿房采矿法
充填采矿法	垂直分条充填采矿法	单层(水力、胶结)充填采矿法
	上向分层充填采矿法	上向水平分层充填采矿法 上向倾斜分层充填采矿法
	上向进路充填采矿法	上向进路充填采矿法
	下向分层(进路)充填采矿法	下向分层(进路)充填采矿法
	方框支架充填采矿法	方框支架充填采矿法
	削壁充填采矿法	削壁充填采矿法
崩落采矿法	单层崩落采矿法	长壁式单层崩落采矿法 短壁式单层崩落采矿法 进路式单层崩落采矿法
	分层崩落采矿法	进路分层崩落采矿法 壁式分层崩落采矿法
	分段崩落采矿法	无底柱分段崩落采矿法 有底柱分段崩落采矿法
	阶段崩落采矿法	水平深孔阶段强制崩落采矿法 垂直深孔阶段强制崩落采矿法 阶段自然崩落采矿法

表 2-3　《采矿设计手册》中采矿方法分类表

按地压管理分	采矿方法类别	采矿方法分组	采矿方法名称	采矿方法主要分类
自然支撑法	空场采矿法	分层(单层)空场采矿法	全面采矿法	(1)普通全面采矿法 (2)留矿全面采矿法
			房柱式采矿法	(1)浅孔落矿房柱式采矿法 (2)中深孔落矿房柱式采矿法
			留矿采矿法	(1)极薄矿脉留矿采矿法 (2)浅孔落矿留矿采矿法
		分段矿房采矿法	分段采矿法	(1)有底柱分段采矿法 (2)连续退采分段采矿法
			爆力运矿采矿法	
		阶段空场采矿法	阶段矿房采矿法	(1)水平深孔阶段矿房采矿法 (2)垂直深孔阶段矿房采矿法
崩落采矿法	崩落采矿法	分层(单层)崩落采矿法	壁式崩落采矿法	(1)长壁崩落采矿法 (2)短壁崩落采矿法 (3)进路崩落采矿法
			分层崩落采矿法	(1)进路回采分层崩落采矿法 (2)长工作面回采分层崩落采矿法
		分段崩落采矿法	无底柱分段崩落采矿法	(1)典型方案 (2)高端壁无底柱分段崩落采矿法
			有底柱分段崩落采矿法	
		阶段崩落采矿法	阶段强制崩落采矿法	(1)典型方案 (2)分段留矿崩落采矿法
			阶段自然崩落采矿法	
人工支撑法	充填采矿法	分层(单层)充填采矿法	上向分层充填采矿法	
			上向进路充填采矿法	
			点柱分层充填采矿法	
			下向分层充填采矿法	
			壁式充填采矿法	
		分段充填采矿法	分段充填采矿法	
		阶段充填采矿法	分段空场嗣后充填采矿法	
			阶段空场嗣后充填采矿法	
			VCR 嗣后充填采矿法	
			留矿采矿嗣后充填采矿法	
			房柱采矿嗣后充填采矿法	
	支柱采矿法	方框支柱、横撑支柱采矿法		

基于"对金属矿床地下采矿方法分类的看法""关于采矿方法几个问题的讨论""论金属矿床地下开采采矿方法称谓"等文献资料,分析表 2-1~表 2-3 的采矿方法分类表,归纳采矿方法分类存在如下问题。

(1)表 2-1 和表 2-2"组别"一列称谓划分混乱,存在随意性。例如表 2-1 和表 2-2 中空场采矿法的分段矿房采矿法、阶段矿房采矿法是以出矿方式来划分的,而其余采矿方法的划分依据却是房柱的形式,没有统一的划分依据。

(2)表 2-1"组别"和"典型采矿方法"称谓划分依据不够明显,很大程度上出现了重名问题;表 2-3 增加了一列以回采高度为依据的"采矿方法分组",可以说有了进一步改善;但在"采矿方法名称"一列的基础上又增加"采矿方法主要分类"一列,让人不知是"名称"下包含"分类",还是"分类"下包含"名称";同时,表 2-3 存在两列称谓重名或空缺问题。

(3)表 2-3(对应《采矿设计手册》采矿方法分类表)将空场嗣后充填采矿法列为充填采矿法,但是表 2-2(对应《采矿方法》采矿方法分类表)未列出空场嗣后充填采矿法,而《采矿手册》明确将空场嗣后充填采矿法认为是空场采矿法。

(4)表 2-3 支柱采矿法不应单一列出。这种采矿方法木材消耗量大,根据我国的实际情况,已经很少单独采用支柱支护采空场,因为它不能十分可靠地控制采场地压,特别是木材支柱不能作为最终处理采空区的可靠手段;且在极不稳固的矿石和围岩条件下,往往采用支柱充填采矿法而不用支柱采矿法,所以不应该单独列出一类支柱采矿法。

(5)表 2-1 和表 2-2 中"组别"改为"采矿方法名称"更为合理,表 2-1 中"典型采矿方法"改为"典型方案"更为合理。

(6)在垂直深孔落矿阶段矿房法(VCR 法)出现以前,表 2-1 中的垂直深孔落矿阶段矿房采矿法与表 2-2、表 2-3 中的垂直深孔阶段矿房采矿法,这些称谓是合适的,因为当时还没有大规模效率高的垂直深孔钻机,还不会引起人们的误会;在产生了 VCR 法之后,该称谓具有了两义性。

(7)表 2-2 将单层和分层分开分组问题。某种意义上,可将单层看作分层的一种特殊存在形式,因此采矿方法分组时可将分层、单层合成分层(单层)一组。

2.3　空场嗣后充填采矿法的内涵

目前空场嗣后充填采矿法主要有分段空场嗣后充填采矿法、阶段空场嗣后充填采矿法、VCR 嗣后充填采矿法、留矿采矿嗣后充填采矿法、房柱采矿嗣后充填采矿法。

对于这些空场嗣后充填采矿法，通过大量调查得知：研究院与设计院的从业人员往往认为其是充填采矿法，它们的理由主要是看最终状态，而非回采时的地压管理方法；而绝大多数矿山的技术人员、大专院校的专业教师大都非常肯定地认为其是空场采矿法。这一争论也同样体现在权威文献《采矿手册》和《采矿设计手册》中及其他一些文献中，《采矿手册》认为其是空场采矿法，而《采矿设计手册》认为其是充填采矿法。"关于采矿方法几个问题的讨论"一文支持其是充填采矿法的观点。"论金属矿床地下开采采矿方法称谓"一文，分析论述清晰，但认为采矿方法中不宜再提"嗣后"二字。王青和任风玉 2011 年主编的《采矿学》(第 2 版)认为空场嗣后充填采矿法是联合采矿法。王运敏主编的《现代采矿手册》中的采矿方法分类表认为其是充填采矿方法，但在 9.12.5 节中又明确说其是联合采矿法。

综合来看，目前对于空场嗣后充填采矿法，各种观点均有，分类异常混乱，但似乎各个文献分析又均有一定的道理，因此造成一般采矿从业人员难以适从。如果按照仅看最终状态的说法，那么当前很多空场采矿法如果后期运用充填采矿法或崩落采矿法处理采空区，根据最终状态划分将导致采矿方法分类完全混乱，分类结果违背了采矿方法分类简单明了的基本原则。

空场嗣后充填采矿法类别归属出现争议的主要原因是人们没有及时、明确、准确地说明这类采矿方法的充填工序是否在回采时为相邻采场正常回采提供必要的保障条件，即"嗣后"一词是否必须限定在回采时，导致很多采矿从业人员弄不清该类采矿方法的本质。

为改善空场嗣后充填采矿法类别归属不清的情形，解决当前该类采矿方法分类时存在混乱的问题，对其称谓内涵应明确界定如下所述。

(1)采矿方法中仍保留"嗣后"二字，这样可以很好地区分"嗣后充填"及"同步充填"(近年提出的采矿技术理念)的技术内涵。

(2)如果充填工序是相邻采场安全回采的必要保障条件，采空区不进行及时充填就无法继续采矿，充填工序是采矿工艺的有机组成部分，充填工作在一定程度上影响矿床整体的采矿顺序，那么空场嗣后充填采矿法属于充填采矿法范畴。

(3)如果充填工序不必作为相邻采场安全回采的保障条件，或仅仅为了减少废石和尾砂在地表堆放对生态环境的影响，这时的充填只是作为处理采空区的一种措施，那么其属于空场采矿法，不宜再叫作空场嗣后充填采矿法，只能叫作某某空场采矿法、采空区嗣后充填处理或某某空场采矿法嗣后充填，但充填字样后不能再加"采矿法"或"法"字样。

今后，读者若遇到相关问题，应先判断在采矿工艺中，充填工序是否在回采时及时地作为相邻采场安全回采的必要保障条件，以此来判断其是充填采矿法还是空场采矿法。

对于同步充填，"同步"一词准确、及时地表明充填工序是采矿工艺的有机组成部分。因此，可以明确地确定某某同步充填采矿方法属于充填采矿法范畴。

2.4　组合式采矿法与联合式采矿法的归类

1) 组合式采矿法与联合式采矿法的区别

张世雄[17]2010 年主编的《固体矿物资源开发工程》(第 2 版)给出了组合式采矿法和联合式采矿法的内涵。

(1)组合式采矿法是以岩石力学为基础，协调采矿工艺、设备和采场结构之间的联系，组合后的新采矿方法既依存又独立于相关的采矿方法，兼具不同采矿方法的特色和优点，通常能够输出较好的技术经济效益。妥善处理采空区往往构成组合式采矿法的核心技术问题。当前组合式采矿法主要是以一些空场采矿法为基础，兼具充填采矿法和崩落采矿法的相应特点。

(2)联合式采矿法是指在同一矿块内，运用两种或两种以上的采矿方法同时或顺序开采的采矿方法。武汉理工大学在河南省灵宝市安底金矿进行全面采矿法、分采充填采矿法、留矿全面采矿法、分采留矿全面采矿法组成的联合式采矿法试验。

王青和任风玉 2011 年主编的《采矿学》(第 2 版)将空场嗣后充填采矿法称为联合采矿法；王运敏 2012 年主编的《现代采矿手册》在采矿方法分类表中也将空场嗣后充填采矿法称为充填采矿方法，但又在 9.12.5 节中将阶段空场嗣后充填采矿法(空场–充填联合采矿法)、侧向崩矿分段空场–崩落联合法(空场–崩落联合采矿法)、爆力运矿分段空场–崩落联合法(空场–崩落联合采矿法)、分段留矿与崩落联合采矿法等称为联合采矿法。比较组合式采矿法和联合式采矿法的内涵，可以看出这些所谓的联合式采矿法应当为组合式采矿法。

2) 组合式采矿法的类组归属说明

对于组合式采矿法，考虑到分类应该简单明了、类与类及组与组之间有鲜明的界限等采矿方法分类原则，不宜将其专门设立为一类，否则采矿方法分类表将非常的庞杂和混乱，可以参照《采矿设计手册》将留矿全面采矿法归于全面采矿法、空场嗣后充填采矿法归于充填采矿法等的做法，以及《固体矿物资源开发工程》(第 2 版)将分段留矿崩落采矿法归于阶段强制崩落采矿法等文献的做法，弄清组合式采矿法的本质和核心技术特征，按地压管理方法将其归于三大类采矿方法中的某一类某一组。这样做的好处是，相应的采矿方法可以明确归类，不至于出现混乱和无法归类的现象，除非将来有更好的分类法出现。

3) 联合式采矿法不宜单独列类

针对用一个步骤回采采区时用其他几类采矿方法联合起来回采矿房和矿柱的联合采矿法，张玉清[2]于 1975 年在"关于金属矿地下采矿方法分类的探讨"一文明确指出：联合式采矿法和其他几类采矿方法的区别不是分类所依据的回采时地压管理方法与分类法所依据的分类原则相悖谬；联合式采矿法若列入采矿方法分类表，将使分类中的采矿方法类和类或组与组之间失去鲜明的界限，给研究和选择采矿方法带来较大的困难；如果将空场采矿法后期利用充填及崩落围岩处理采空区划入联合式采矿法，将造成采矿方法分类的严重混乱；一个步骤回采采区是矿房和矿柱回采时间的安排问题，对于采矿方法本身影响并不大。因此，不宜单独列出一类联合式采矿法。

2.5　部分采矿方法称谓的修改

随着采矿方法的科技进步，新采矿方法不断出现，部分采矿方法具有了两义性，造成原采矿方法称谓出现了指代不明的现象，这部分采矿方法称谓应当给予修改。例如，孙豁然等[14]在"论金属矿床地下开采采矿方法称谓"一文中指出将本书表 2-1～表 2-3 中均有的垂直深孔落矿阶段矿房采矿法称谓改为深孔垂直落矿阶段矿房采矿法更为合理。

表 2-3 中"采矿方法名称"列有一爆力运矿采矿法称谓，该法的技术实质是利用爆力运搬矿石。鉴于爆力运搬仅是矿石运搬的一种方式，在 0°～55°倾角范围内均可使用，但倾角在 30°～55°时，爆力运搬可获得较好的技术经济效果。以前仅有分段矿房采矿法使用爆力运搬方式回采是合适的。但随着采矿方法的科技进步，使用倾角范围扩大，目前已经出现了电耙–爆力

协同运搬伪倾斜房柱式采矿法[18](属分层矿房采矿法)、浅孔凿岩爆力–电耙协同运搬分段矿房采矿法[19](属分段矿房采矿法)、爆力运矿分段空场–崩落联合采矿法[20](属阶段崩落采矿法)等系列新型采矿方法,分类表中若继续在"采矿方法名称"列、"分段矿房采矿法"栏使用爆力运矿采矿法称谓已经不合时宜了。

因此,建议"采矿方法名称"列不再列出"爆力运矿采矿法"称谓。

2.6　修订后的采矿方法分类表

1)分类应坚持以回采时地压管理方法为依据

以回采时地压管理方法为依据进行采矿方法分类已经获得公认。但必须明确强调其指的是回采时的地压管理方法,而非回采结束后的地压管理方法。

回采时地压管理方法主要有以下几种。

(1)利用矿岩本身的强度和留必要的矿柱措施,以保持采场的稳定性。

(2)采取各种支护方法,支撑回采工作面顶板,以维持其稳定性。

(3)充填采空区,利用充填料形成的充填体支撑围岩并保持其稳定性。

(4)崩落围岩,降低采场围岩应力,并使其重新分布,达到新的应力平衡,同时利用崩落的废石缓冲地压冲击,以维护回采安全。

(5)封闭采空区,使临近采空区的矿体在回采时免受地压危害。

2)分类应坚持三大类采矿方法的分类方法

根据回采时地压管理方法的不同,当前我国地下采矿方法划分为三大类:空场采矿法、充填采矿法和崩落采矿法。事实证明,如果不按照三大类采矿方法的分类方法,补充增加组合式采矿法、联合式采矿法,将造成采矿方法分类表过于庞大,分类易出现混乱局面。

3)金属矿床地下采矿方法分类修订

基于本章前面相关内容的分析,综合表2-1～表2-3及其他参考文献资料,本书将三大类采矿方法按工作面结构即分层(单层)、分段、阶段的形式特点划分为 9 个分组;在此基础上再按落矿或出矿方式、工作面推进方向,划分主要采矿方法;然后,再列出采矿方法的若干典型方案。

修订后的金属矿床地下采矿方法分类表见表2-4。典型方案选择了当前常用的、工艺成熟的采矿方法,以方便采矿从业人员对采矿方法的选择与研究参考。

表 2-4　金属矿床地下采矿方法分类(本书修订版)

采矿方法类别	采矿方法分组	采矿方法名称	典型方案
空场采矿法	分层(单层)	全面采矿法	①普通全面采矿法 ②留矿全面采矿法
		房柱式采矿法	①浅孔落矿房柱式采矿法 ②中深孔落矿房柱式采矿法
		留矿采矿法	①极薄矿脉留矿采矿法 ②浅孔落矿留矿采矿法
	分段	分段矿房采矿法	①有底柱分段矿房采矿法 ②连续退采分段矿房采矿法 ③无底柱分段采矿法
	阶段	阶段矿房采矿法	①水平深孔阶段矿房采矿法 ②深孔垂直落矿分段凿岩阶段矿房采矿法 ③深孔垂直落矿阶段凿岩阶段矿房采矿法 ④垂直深孔球状药包落矿阶段矿房采矿法(VCR)
崩落采矿法	分层(单层)	壁式崩落采矿法	①长壁式崩落采矿法 ②短壁式崩落采矿法 ③进路崩落采矿法
		分层崩落采矿法	①进路回采分层崩落采矿法 ②长工作面回采分层崩落采矿法
	分段	无底柱分段崩落采矿法	①低分段无底柱分段崩落采矿法 ②高分段无底柱分段崩落采矿法 ③高端壁无底柱分段崩落采矿法
		有底柱分段崩落采矿法	①水平深孔落矿有底柱分段崩落采矿法 ②垂直深孔落矿有底柱分段崩落采矿法
	阶段	阶段强制崩落采矿法	①水平深孔落矿阶段强制崩落采矿法 ②垂直深孔落矿阶段强制崩落采矿法
		阶段自然崩落采矿法	①矿块回采阶段自然崩落采矿法 ②连续回采阶段自然崩落采矿法
充填采矿法	分层(单层)	按充填料和输送不同,主要有胶结、水砂、干式充填采矿法	①壁式充填采矿法 ②削壁充填采矿法 ③上向分层充填采矿法 ④下向分层充填采矿法 ⑤上向进路充填采矿法 ⑥下向进路充填采矿法 ⑦点柱充填采矿法
	分段		①分段充填采矿法典型方案 ②无底柱分段充填采矿法
	阶段		①房柱采矿嗣后充填采矿法 ②留矿采矿嗣后充填采矿法 ③分段空场阶段嗣后充填采矿法 ④阶段空场嗣后充填采矿法 ⑤VCR嗣后充填采矿法 ⑥方框支架阶段充填采矿法

参 考 文 献

[1] 解世俊. 金属矿床地下开采[M]. 第 2 版. 北京: 冶金工业出版社, 1999.

[2] 张玉清. 关于金属矿床地下采矿方法分类的探讨[J]. 有色金属(矿山部分), 1975, 27(4): 51-57.

[3] Mihaylov G. An approach to designing a classification of the underground ore mining methods[J]. Mining and Mineral Processing, 2003, 46(2): 1-4.

[4] Oparin V N, Tapsiev A P, Freidin A M. Classification of methods for ore mining at a large depth[J]. Journal of Mining Science, 2008, 44(6): 569-577.

[5] 东北工学院. 关于金属矿床地下采矿方法分类问题[J]. 采矿译本, 1958, 5(3): 45-52.

[6] 北京钢铁学院. 金属矿床开采[M]. 北京: 冶金工业出版社, 1959.

[7] 甘肃金川有色金属公司龙首矿生产技术科. 对金属矿床地下采矿方法分类的看法[J]. 有色金属(矿山部分), 1977, 29(1): 47-50.

[8] 解世俊. 金属矿床地下开采[M]. 北京: 冶金工业出版社, 1979.

[9] 采矿手册编辑委员会. 采矿手册[Z]. 北京: 冶金工业出版社, 1988.

[10] 采矿设计手册编写委员会. 采矿设计手册[Z]. 北京: 中国建筑工业出版社, 1989.

[11] 任新民. 关于采矿方法几个问题的讨论[J]. 中国钼业, 1995, 19(2): 45-50.

[12] 王青, 史维祥. 采矿学[M]. 北京: 冶金工业出版社, 2001.

[13] 张世雄. 固体矿物资源开发工程[M]. 武汉: 武汉理工大学出版社, 2005.

[14] 孙豁然, 毛凤海, 安龙, 等. 论金属矿床地下开采采矿方法称谓[J]. 金属矿山, 2010, 45(2): 13-17.

[15] 王青, 任凤玉. 采矿学[M]. 第 2 版. 北京: 冶金工业出版社, 2011.

[16] 王运敏. 现代采矿手册[Z]. 北京: 冶金工业出版社, 2012.

[17] 张世雄. 固体矿物资源开发工程[M]. 第 2 版. 武汉: 武汉理工大学出版社, 2010.

[18] 陈庆发, 刘俊广, 黎永杰, 等. 电耙–爆力协同运搬伪倾斜房柱式采矿法: 中国, 201610577976.4[P]. 2016-07-21.

[19] 陈庆发, 李世轩, 胡华瑞, 等. 浅孔凿岩爆力–电耙协同运搬分段矿房法: 中国, 201611103740.3[P]. 2016-12-05.

[20] 王家齐. 论分段空场、崩落联合采矿法在国内外的应用[J]. 有色金属(矿山部分), 1984, 36(6): 18-24.

第3章　协同采矿方法的发展历程与分类

3.1　采矿方法创新的必要性

采矿方法在地下矿山生产中占据着核心地位，矿山所采用的采矿方法是否合理、正确与否，直接影响着矿山的经济效益、生存和发展[1]。如果矿山企业忽视采矿方法的革新与创新，仍惯用或套用一些典型而单一的采矿方法，那么未必能够取得最好的经济效益，甚至可能造成矿山无法回采而被迫放弃的尴尬局面，从而造成国有宝贵资源的损失。

对于复杂难采资源的开采，创新一些新型高效、安全、适合的采矿方法更应是主管单位亟待解决的技术难题。

所谓复杂难采矿体，实质是由于地下矿脉或矿体的开采技术条件复杂，开采难度很大，若沿用现有采矿方法，难于获得比较好的经济效益，甚至无法回采而被迫放弃矿山，造成地下有限资源的浪费与破坏。

目前，复杂难采矿体主要有松软破碎矿体、形态产状复杂矿体、三下难采矿体、含硫的自燃难采矿体、含有采空区的不完整矿体等类型[2]。

当前，正值"供给侧结构性改革"的关键时期，采矿工作者仍需大力提倡一些采矿技术新理念及"因矿生法"和"因矿创法"的新思维，摒弃"因法套矿"的旧观念，持续深入地促进采矿方法的科技进步。

3.2　协同采矿方法的定义与范畴

随着协同开采理念在我国矿业领域的不断发展，我国学者对具有合作、协调与同步等协同属性的采矿方法进行了大量的探索与开发研究。2009～2018年国内学者创新提出(发明)了数十种具有协同属性的采矿方法，掀起了一股协同采矿方法研究的热潮，促进了采矿方法的科技进步。

将在采场结构和采场回采工作两大方面所含要素之间或要素自身作业具有合作、协调与同步等协同属性的采矿方法定义为协同采矿方法。

与传统采矿方法相比，协同采矿方法在理念、思想、看待问题的角度、处理问题的方式等方面有较大差异。传统采矿方法是一套模式化的流程，建立在高度专业化分工和类似科层组织的基础上，主要描述的是矿块回采过程中的先后顺序；而协同采矿方法，则更为强调各采矿要素间或要素自身作业具有的协调、合作、同步的协同属性及产生的协同效果。因此，协同采矿方法的范畴界定如下。

(1)协同采矿方法隶属于采矿方法；

(2)区别于一般采矿方法，协同采矿方法更为强调在采场结构或采场回采工作两大方面所含要素之间或要素自身作业具有的合作、协调与同步等协同属性，是一类比较特殊的、讲究协同效益的采矿方法；

(3)协同采矿方法所具有的协同属性，通常有助于实现复杂难采矿体的顺利开采或实现某种特殊开采目的，如安全、高效、多目标等。

3.3　协同采矿方法的发展历程

3.3.1　发展形势

2008 年，作者提出"隐患资源开采与空区处理协同的矿业开发新技术模式"后，特别是在 2009 年作者的博士学位论文《隐患资源开采与采空区治理协同研究》[3]完成后，协同开采理念逐步为广大行业专家认可，协同采矿方法在我国得以快速发展。

通过对万方专利技术数据库、国家知识产权局专利检索数据库、国家重点产业专利信息服务平台、中国期刊全文数据库(CNKI)及专业书籍、教材、手册等检索可知，通过检索"名称""摘要""正文"中含有"协同"二字(或相似语言)的采矿方法，发现 2009～2018 年我国采矿学者一共提出了 19 种协同采矿方法，见表 3-1。

在此，需要说明的是：部分申请专利虽冠以协同采矿方法，但实质为采矿方案的，并未收录在内；部分采矿方法含有协同属性，如一种缓倾斜薄矿体采矿方法、立体分区大量崩矿采矿方法、一种连续崩落采矿方法等，虽未冠以协同采矿方法，但其实质为协同采矿方法，且在专利摘要和正文叙述文字中介绍了协同属性的，均被补充收录在内。

表 3-1　2009～2018 年我国采矿学者提出的协同采矿方法统计简表

序号	采矿方法名称	第一提出人或发明人	依托单位	提出年份	专利申请号
1	协同空区利用的采矿环境再造无间柱分段分条连续采矿法	陈庆发	中南大学	2009	—
2	大量放矿同步充填无顶柱留矿采矿方法	陈庆发	广西大学	2010	CN201010181971.2
3	立体分区大量崩矿采矿方法	周爱民	长沙矿山研究院	2011	CN201110256519.2
4	一种连续崩落采矿方法	陈何	北京矿冶研究总院	2011	CN201110109103.8
5	分段凿岩并段出矿分段矿房采矿法	陈庆发	广西大学	2013	CN201310331194.9
6	组合再造结构体中深孔落矿协同锚索支护嗣后充填采矿法	邓红卫	中南大学	2013	CN201310404154.2
7	分条间柱全空场开采嗣后充填协同采矿法	胡建华	中南大学	2013	CN201310658513.7
8	垂直孔与水平孔协同回采的机械化分段充填采矿法	李启月	中南大学	2014	CN201410257493.7
9	采场台阶布置多分支溜井共贮矿段协同采矿方法	陈庆发	广西大学	2015	CN201510673789.1
10	一种缓倾斜薄矿体采矿方法	陈何	北京矿冶研究总院	2015	CN201511019114.1
11	厚大矿体无采空区同步放矿充填采矿方法	雷涛	武汉理工大学	2016	CN201610366837.7
12	电耙–爆力协同运搬伪倾斜房柱式采矿法	陈庆发	广西大学	2016	CN201610577976.4
13	柔性隔离层充当假顶的分段崩落协同采矿法	陈庆发	广西大学	2016	CN201610577993.8
14	垂直深孔两次放矿同步充填阶段采矿法	雷涛	武汉理工大学	2016	CN201611059708.X
15	浅孔凿岩爆力–电耙协同运搬分段矿房采矿法	陈庆发	广西大学	2016	CN201611103740.3
16	底部结构下卡车直接出矿后期放矿充填同步水平深孔留法	陈庆发	广西大学	2016	CN201611105283.1
17	一种地下矿山井下双采场协同开采的新方法	孙丽军	马鞍山矿山研究院	2016	CN201610439450.X
18	卡车协同出矿有底柱分段崩落法	陈庆发	广西大学	2017	CN201710154314.0
19	卡车协同出矿分段凿岩阶段矿房法	陈庆发	广西大学	2017	CN201710153260.6

　　注：本表按采矿方法提出或专利申请时间的先后顺序排序，部分协同采矿方法因专利授权时效关系及其他原因可能暂时未获专利授权，请读者自行甄别。

此外，根据协同采矿方法定义，追溯其发展历程，空场嗣后充填采矿法、组合式采矿法与联合式采矿法在采矿要素间或要素自身作业也可能具有部分协同属性。由于历史悠久的采矿方法已经不再使用、部分采矿方法文献出处难觅等，本书对这些采矿法未给予深入剖析，读者自行甄别。

表 3-1 中 19 种协同采矿方法，其中陈庆发提出 10 种，陈何、雷涛各提出 2 种，周爱民、邓红卫、胡建华、李启月、孙丽军各提出 1 种；提出采矿方法的依托单位主要集中于广西大学、中南大学、武汉理工大学、长沙矿山研究院、北京矿冶研究总院、马鞍山矿山研究院等高校与科研院所。

由表 3-1 可知，我国所提出的协同采矿方法在数目上呈现出逐年增多的趋势，这说明协同开采理念正在不断地受到越来越多的行业专家学者的认可，体现了我国学者对协同采矿方法开发与革新的重视。这些协同采矿方法的提出，正在成为一种催化剂，积极地促进着我国采矿技术朝着追求绿色、安全、高效、协同的方向深入发展。

3.3.2　发展历程

2009 年，陈庆发在其博士学位论文《隐患资源开采与采空区治理协同研究》中，首次明确提出了协同空区利用的采矿环境再造无间柱分段分条连续采矿法，将部分中小规模采空区作为矿块的井巷工程、切割工程、自由爆破空间等部分工程结构加以协同利用（即采空区协同利用）。区别于闭坑后作为核废料、垃圾储存空间的利用和地下商场、军事指挥所等的利用，采空区协同利用是资源开采过程中的同步利用，它区别于传统的从地压管理角度划分的 4 类独立的采空区处理方法，是采矿工艺调整过程中的利用，可称得上具有独立意义的第五类采空区处理方法。

2010 年，陈庆发等[4]突破传统的嗣后充填采矿技术思想的限制，率先提出了同步充填采矿技术理念，首次提出了一种具有代表性意义的同步充填采矿方法，即大量放矿同步充填无顶柱留矿采矿方法。新采矿方法与传统放矿工艺的区别在于大量放矿前设置了柔性隔离层，这使得放矿过程中散体介质（矿石）流动受到了来自充填材料的非自由表面纵向荷载、柔性隔离层因介质流动产生的次生横向荷载及采场边界限制条件等多重复合作用，这与传统放矿工艺明显不同，柔性隔离层作用下散体介质流动规律突破了传统放矿理论的描述范围。基于对柔性隔离层作用下放矿规律发生重大变化的认知，申报的"柔性隔离层作用下散体介质流理论研究"项目，在专利授权后获得了国家自然科学基金资助。已开展的研究表明：在单漏斗条件下，放矿前期放出体为近似椭球体，后期为陀螺体；在多漏斗条件下，放矿前期隔离层界面保持水平并平缓下移，某一深度后隔离层起伏变大。目前，有关机理研究正在进行中，有望创建一套完整的柔性隔离层下散体介质流理论，从而进一步推动金属矿床放矿学理论的新发展。

2011 年，针对传统采矿方法一次回采爆破的崩矿量小、作业循环多、采场规模小、采场产能与崩矿效率低等现象，长沙矿山研究院的周爱民[5]提出了一种高效率、大产能的立体分区大量崩矿采矿方法，实现了大规模、高效率、大量落矿，为厚大矿体或急倾斜中厚矿体实现大规模集中强化采矿提供了一种安全、高效和大产能、低成本的解决方案；同年，针对阶段崩落采矿法和阶段空场采矿法开采厚大矿床时，顶板管理困难、爆破效果不理想、矿石贫化损失大等问题，北京矿冶研究总院的陈何等[6]采用布置集束孔的形式改进爆破落矿方式，提出了一种连续崩落采矿方法，该方法能够使落矿、出矿、顶板管理等工作协调统一，实现了大步距高效安全连续后退式回采。

2013 年，陈庆发等[7]通过分析分段矿房采矿法和深孔垂直落矿分段凿岩阶段矿房采矿法在开采矿岩稳固、倾角变换频繁或因断层错动的倾斜急倾斜中厚矿体时所表现出的优点和不足，提出了一种充分利用分段矿房采矿法和深孔垂直落矿分段凿岩阶段矿房采矿法各自的优点、适用于矿岩稳固倾角变化频繁或因断层错动的倾斜急倾斜中厚矿体的分段凿岩并段出矿分段矿房采矿法；同年，针对顶底板、上下盘围岩破碎不稳固的高品位倾斜中厚矿体采用上向或下向分层充填法回采存在的采切工程量大、采矿成本高、工作效率低、难以规模化开采、矿石损失贫化高、经济损失大等问题，中南大学的邓红卫等[8]提出了一种在构筑人工顶板、上下盘围岩预先加固与支护的组合再造结构体下实现矿体安全、高效、规模化开采有效结合的组合再造结构体中深孔落矿协同锚索支护嗣后充填采矿法；同年，针对上盘为不稳固围岩或充填体的缓倾斜中厚矿体在回收矿柱时存在作业安全性差的问题，中南大学的胡建华等[9]提出了一种在顶板围岩不稳固条件下矿石回采率高、安全性高的分条间柱全空场开采嗣后充填协同采矿法。

2014 年，基于对开采厚大矿体时分段充填采矿法在回采过程中存在顶板安全性问题的分析，中南大学的李启月等[10]提出了一种垂直孔与水平孔协同回采的机械化分段充填采矿法，发挥了分段采矿高强度、高效率、低成本的特点。

2015 年，为解决多层水平或缓倾斜薄至中厚矿体分层回采的技术难题，陈庆发等[11]提出了一种采场台阶布置多分支溜井共贮矿段协同采矿方法，它能够克服多层矿体分采时，采用常规溜井带来的开采不协调、采矿管理复杂等缺点，改善各矿层贮矿段容量、采场出矿与漏斗放矿间的协调性等，最大限度地减小多层矿体回采过程中的互相影响和互相制约，在生产空间实现集约高效，最终实现多层矿体安全、高效、低成本协同开采；同年，北京矿冶研究总院的陈何等[12]基于国内外多层缓倾斜薄矿体开采出现的不足，提出了一种缓倾斜薄矿体采矿方法，有效地提升了采场的生产能力和采切比，提高了开采回采率，降低了矿石贫化率，上覆围岩均匀沉降，矿层受开采影响小，采矿过程采用机械条带式推进式采矿，切顶协同充填与诱导爆破控顶处理采空区。

2016 年，针对常规采矿方法采空区灾害及矿石贫化损失大的问题，引入陈庆发提出的同步充填技术思想，雷涛[13]提出了一种厚大矿体无采空区同步放矿充填采矿方法；同年，为安全高效地回采倾斜薄矿体，降低矿石贫化损失，综合分析房柱式采矿法和爆力采矿法各自的优点，陈庆发等[14]提出了一种适用于矿体倾角为 30°～55°、厚度为 1～3m 的矿岩稳固或中等稳固的倾斜薄矿体的电耙–爆力协同运搬伪倾斜房柱式采矿法；针对使用分段崩落法易造成矿石贫化损失大、废石混入率高、回采巷道局扇通风困难且易形成污风串联及通风、上下分段的衔接和生产管理复杂等缺点，陈庆发等[15]提出了一种柔性隔离层充当假顶的分段崩落协同采矿方法；同年，基于同步充填技术思想，针对空场嗣后充填采矿法的缺点，雷涛[16]提出了一种垂直深孔两次放矿同步充填阶段采矿法，该方法简化了回采单元的结构，开采下一阶段时回收上一阶段底柱并形成凿岩硐室实现回采单元矿石全回收，克服了回采单元采空区围岩片落问题，有效地控制采空区的暴露面积；同年，针对围岩稳固性较差的矿山，采用传统空场采矿法会留下采空区安全隐患，若增大矿柱尺寸必将增大矿石损失，为此，陈庆发等[17]提出了一种具有协同开采理念和同步充填优点的底部结构下卡车直接出矿后期放矿充填同步水平深孔留矿法，该方法作业安全性好、生产效率高、矿石回采率高，省略了铲运机–溜井转运环节、卡车直接出矿，实现采空区协同置换利用，保障了围岩的稳定性；同年，针对回采多层倾斜薄矿体时留矿全面采矿法生产能力低、回采周期长、对相邻矿层矿块回采影响大、安全系数低等问题及沿矿体走向或倾向分段的传统爆力运搬采矿法生产能力低、采切工作量大、脉外工程多等问题，陈庆发等[18]提出将浅孔爆力运搬技术应用于多层倾斜薄矿体的开采，从而提出了一种浅孔凿岩爆力–电耙协同运搬分段矿房采矿法，该方法大大减少了脉外工程量，提高了生产能力与运搬效率；同年，针对大型地下矿山使用嗣后充填采矿法开采采空区暴露面积大、安全性差、采切工程量大等问题，引入协同开采理念，孙丽军等[19]提出了一种地下矿山井下双采场协同开采的新方法，该方法实现了地下矿山多采场协同开采，提高了安全性和生产能力，减小了采切工程量。

2017 年，针对垂直深孔落矿有底柱分段崩落采矿法回采矿体时使用电耙、溜井出矿存在底部结构复杂、采准切割工程量大、出矿效率低等缺点而造成采场落矿和出矿作业在时间和矿量上不能很好匹配的现象，基于协同开采理念，顺应采矿作业环节简化与无轨运输是我国地下矿山采矿技术发展的趋势，陈庆发等[20]创新提出了卡车协同出矿有底柱分段崩落法，该方法提高了机械化程度，保证了落矿和出矿的协同，简化了底部结构，减少了矿石转运作业环节，提升了矿山生产效率；同年，针对深孔垂直落矿分段凿岩阶段矿房采矿法回采矿体存在采切工程量大、出矿效率低等缺点，陈庆发等[21]创新提出了卡车协同出矿分段凿岩阶段矿房法，该方法减小了采切工程量，提高了机械化程度，保证了落矿与出矿的协同，提高了矿山生产效率。

3.4　协同采矿方法的分类

协同采矿方法隶属于采矿方法范畴，其分类按地压管理方法与一般采矿方法一致，可将协同采矿方法分为空场、充填、崩落三大类。

协同采矿方法具体方案的类组归属，应按地压管理方法将其归于三大类采矿方法的某一类某一组，方便为采矿从业人员在做采矿方法选择与研究时参考。

根据本书修订的金属矿床地下采矿方法分类表 (表 2-4) 的大体框架，将表 3-1 所统计的协同采矿方法填入表 2-4 中的协同采矿方法典型案例列，形成协同采矿方法分类表，见表 3-2。

表 3-2　协同采矿方法分类表

类别	分组	采矿方法名称	协同采矿方法典型案例
空场类	分层(单层)	全面采矿法	
		房柱式采矿法	①采场台阶布置多分支溜井共贮矿段协同采矿方法 ②电耙-爆力协同运搬伪倾斜房柱式采矿法 ③一种缓倾斜薄矿体采矿方法
		留矿采矿法	
	分段	分段矿房采矿法	①浅孔凿岩爆力-电耙协同运搬分段矿房采矿法 ②分段凿岩并段出矿分段矿房采矿法
	阶段	阶段矿房采矿法	①卡车协同出矿分段凿岩阶段矿房法 ②协同空区利用的采矿环境再造无间柱分段分条连续采矿法 ③一种地下矿山井下双采场协同开采的新方法
崩落类	分层(单层)	壁式崩落采矿法	
		分层崩落采矿法	
	分段	无底柱分段崩落采矿法	
		有底柱分段崩落采矿法	①柔性隔离层充当假顶的分段崩落协同采矿方法 ②卡车协同出矿有底柱分段崩落法
	阶段	阶段强制崩落采矿法	①立体分区大量崩矿采矿方法 ②一种连续崩落采矿方法
		阶段自然崩落采矿法	
充填类	分层(单层)	按充填料和输送不同,主要有胶结、水砂、干式充填采矿法	大量放矿同步充填无顶柱留矿采矿法
	分段		①垂直孔与水平孔协同回采的机械化分段充填采矿法 ②分条间柱全空场开采嗣后充填协同采矿方法 ③组合再造结构体中深孔落矿协同锚索支护嗣后充填采矿法
	阶段		①底部结构下卡车直接出矿后期放矿充填同步水平深孔留矿法 ②厚大矿体无采空区同步放矿充填采矿方法 ③垂直深孔两次放矿同步充填阶段采矿方法

注:从尊重原创的角度出发,典型案例列各协同采矿方法名称未作改动。

参 考 文 献

[1] 杨世明. 地下矿山采矿方法设计思维[J]. 采矿技术, 2015, 15(2): 1-5, 40.

[2] 周君才. 难采矿体新型采矿法[M]. 北京: 冶金工业出版社, 1998.

[3] 陈庆发. 隐患资源开采与采空区治理协同研究[D]. 长沙: 中南大学, 2009.

[4] 陈庆发, 吴仲雄. 大量放矿同步充填无顶柱留矿采矿方法: 中国, 201010181971.2[P]. 2010-10-20.

[5] 周爱民. 立体分区大量崩矿采矿方法: 中国, 201110256519.2[P]. 2011-09-01.

[6] 陈何, 孙忠铭, 王湖鑫, 等. 一种连续崩落采矿法: 中国, 201110109103.8[P]. 2011-04-29.

[7] 陈庆发, 张亚南, 吴仲雄. 分段凿岩并段出矿分段矿房采矿法: 中国, 201310331194.9[P]. 2013-08-01.

[8] 邓红卫, 周科平, 李杰林, 等. 组合再造结构体中深孔落矿协同锚索支护嗣后充填采矿法: 中国, 201310404154.2[P]. 2013-09-06.

[9] 胡建华, 罗先伟, 周科平, 等. 分条间柱全空场开采嗣后充填协同采矿法: 中国, 201310658513.7[P]. 2013-12-09.

[10] 李启月, 王卫华, 尹士兵, 等. 垂直孔与水平孔协同回采的机械化分段充填采矿法: 中国, 201410257493.7 [P]. 2014-06-11.

[11] 陈庆发, 陈青林, 吴贤图, 等. 采场台阶布置多分支溜井共贮矿段协同采矿方法: 中国, 201510673789.1 [P]. 2015-10-16.

[12] 陈何, 黄丹, 杨超, 等. 一种缓倾斜薄矿体采矿方法: 中国, 201511019114.1[P]. 2015-12-30.

[13] 雷涛. 厚大矿体无采空区同步放矿充填采矿方法: 中国, 201610366837.7[P]. 2016-05-27.

[14] 陈庆发, 刘俊广, 黎永杰, 等. 电耙–爆力协同运搬伪倾斜房柱式采矿法: 中国, 201610577976.4[P]. 2016-07-22.

[15] 陈庆发, 胡华瑞, 陈青林. 柔性隔离层充当假顶的分段崩落协同采矿方法: 中国, 201610577993.8[P]. 2016-07-22.

[16] 雷涛. 垂直中深孔两次放矿同步充填阶段采矿法: 中国, 201611059708.X [P]. 2016-11-21.

[17] 陈庆发, 胡华瑞, 李世轩, 等. 底部结构下卡车出矿后期放矿充填同步的水平深孔留矿法: 中国, 201611105283.1[P]. 2016-12-05.

[18] 陈庆发, 李世轩, 胡华瑞, 等. 浅孔凿岩爆力–电耙协同运搬分段矿房法: 中国, 201611103740.3[P]. 2016-12-05.

[19] 孙丽军, 汪为平, 孙国权, 等. 一种地下矿山井下双采场协同开采的新方法: 中国, 201610439450.X[P]. 2016-06-20.

[20] 陈庆发, 胡华瑞, 陈青林. 卡车协同出矿有底柱分段崩落法: 中国, 201710154314.0[P]. 2017-03-15.

[21] 陈庆发, 蒋腾龙, 胡华瑞, 等. 卡车协同出矿分段凿岩阶段矿房法: 中国, 201710153260.6[P]. 2017-03-15.

第4章 空场类协同采矿方法

4.1 采场台阶布置多分支溜井共贮矿段协同采矿方法

1. 提出背景

房柱式采矿法主要适用于开采围岩稳固水平或缓倾斜薄至中厚矿体。该采矿方法在矿块或采区内，矿房和矿柱交替布置，回采矿房时留连续的或间断的规则矿柱，以维护顶板岩石。该采矿方法具有采切工程量小、工作组织简单、坑木消耗少、通风良好等特点。

对于多层水平或缓倾斜薄至中厚矿体的开采，利用传统采矿方法有合采或分采两种方式。当夹层较薄时，常选择合采方式；当夹层较厚时，常选择分采方式。

在分采方式中，受出矿结构和出矿设备的限制，一般先开采上层矿体，再逐层回采下层矿体；各矿层的回采作业相互干扰大，不具有独立性，且运搬工艺受回采作业限制，使得采场生产能力低，工作组织复杂。

此外，在传统分采方式中，如果各矿层使用单独的出矿系统，其所要布置的漏斗数量便相应增加；如果各矿层使用共用溜井出矿系统，层间的回采作业互相制约，失去了回采作业的独立性。

2. 协同技术原理

为解决开采多层水平或缓倾斜薄至中厚矿体时采用常规溜井存在的出矿管理困难等问题，陈庆发等[1]于2015年发明了一种采场台阶布置多分支溜井共贮矿段协同采矿方法，其三维示意图如图4-1所示。

采场台阶布置多分支溜井共贮矿段协同采矿方法在整体结构上可以看作由普通房柱式采矿法自身复制组合形成，出矿系统溜井布置方式类似于扇形。该采矿方法创新的重点在于基于矿体赋存条件，通过局部改进多层矿体的出矿结构与布置形式，最大限度地减小了多层矿体回采过程中产生的相互影响与制约，促进了多采场矿石运搬工作与漏斗放矿工作间的有效协同。同时，布置的多分支溜井共贮矿段结构大大增加了贮矿能力，有效地解决了矿石运

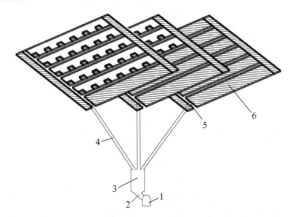

图 4-1　采场台阶布置多分支溜井共贮矿段协同采矿方法三维示意图

1-阶段运输巷道；2-漏斗；3-贮矿段；4-溜井；5-拉底巷道；6-间柱

输受溜井贮矿能力制约的问题，促进了矿石运输能力与溜井贮矿能力的协同，最终全面实现了生产过程中的安全高效集约出矿，提升了传统房柱式采矿法在多层水平或缓倾斜薄至中厚矿体的应用技术水平。

3. 技术经济指标

采场台阶布置多分支溜井共贮矿段协同采矿方法的技术经济指标可基于房柱式采矿法的技术经济指标进行估算。通过查阅现有的各房柱式采矿法的技术经济指标，确定出采场台阶布置多分支溜井共贮矿段协同采矿方法的主要技术经济指标，见表4-1。

表 4-1　采场台阶布置多分支溜井共贮矿段协同采矿方法的主要技术经济指标

指标名称	单位	数量
采场生产能力	t/d	60～80
掌子面工效	t	10
采场凿岩台班效率	t	60
采切比	m/kt	13
损失率	%	4
贫化率	%	6～9
炸药	kg/t	0.4
雷管	个/t	0.6
导爆索	m/t	1.3
直接成本	元/t	3.5

4. 具体实施方式

在以多层形态赋存且实行分采的水平或缓倾斜薄至中厚矿体下盘围岩中布置阶段运输巷道；在阶段运输巷道一侧开凿 1.2m×1.5m 的漏斗口，作为多层矿体共同的出矿口；再将出矿漏斗口上方刷大，形成共同的贮矿段，在贮矿段顶端呈扇形（扇形平面与矿体走向垂直）掘进若干 1.5m×1.5m 溜井（溜井掘进按工程量最小、倾角满足矿石自溜原则）以连通各分层采场拉底巷道；溜井掘进完毕后在各自溜井口沿矿体走向掘进 2m×2m 拉底巷道，在溜井平面与矿体平面的交线上留设各采场间柱；根据矿体实际赋存情况，整体上各分层采场呈台阶布置，采场内按房柱法进行采场回采作业；采场崩落矿石先山上山电耙耙至拉底巷道，再由拉底巷道电耙耙至溜井到达共贮矿段，最后由电机车运送至地表。

5. 优缺点

1）优点

采场台阶布置多分支溜井共贮矿段协同采矿方法降低了某一矿层回采工作受其他矿层回采的限制与影响，各矿层回采作业相互干扰小，体现了多层矿体分采的协同性；多分支溜井共贮矿段结构大大增加了贮矿能力，有效地解决了矿石运输受溜井贮矿能力制约的问题，同时降低了出矿管理难度和提高了工人劳动生产率。

2）缺点

采场台阶布置多分支溜井共贮矿段协同采矿方法对构造共贮矿段结构的施工技术要求高；扇形布置各分支溜井，要求围岩稳固性好。

6. 适用条件

采场台阶布置多分支溜井共贮矿段协同采矿方法主要适用于分采围岩稳固的多层水平或缓倾斜薄至中厚矿体。

4.2　电耙-爆力协同运搬伪倾斜房柱式采矿法

1. 提出背景

全面采矿法、房柱式采矿法和留矿采矿法等传统空场采矿法开采倾斜薄矿体时，电耙出矿受限因素多，崩落的矿石难以完全靠自重在底部放出，存在放矿难、回采率低、贫化损失大等技术难题。

留矿全面采矿法是一种适应性较强、灵活性较大的采矿方法，既保留了留矿采矿法和全面采矿法的特点，又保留了留矿采矿法的采场结构、采准布置及全面采矿法采场中崩落矿石的运搬方式和顶板管理方法。其采准布置较简单，工程量小，降低了矿石的贫化损失；但电耙绞车上下移动较频繁，人员需进入空场，存在一定的安全隐患，且溜井工程量大，矿房、矿柱回采率低。

伪倾斜房柱式采矿法是矿房伪倾斜布置的采矿方法，应用于倾斜薄矿体的开采，保障了电耙耙矿的正常坡度。其采准布置简单，降低了矿石的贫化损失，解决了倾斜薄矿体出矿难的问题；但工作效率低，服务范围小，阶段高度小，工程量大。

爆力采矿法是分段矿房采矿法中的一种，它是利用爆破能量将矿石运搬一段距离，并借助动能和势能使崩落矿石沿采场底板滑行、滚动一段距离进入采场下部的受矿巷道。该采矿方法主要适用于倾斜中厚矿体。虽然爆力运矿解决了倾斜中厚矿体的出矿问题，但其作业条件差、劳动强度大、掘进速度慢、工效低、施工质量差，且受矿体开采技术条件变化影响较大。

综上所述，在开采倾斜薄矿体时，采用留矿全面采矿法时，工作效率低，安全性较差，矿房上部倒三角出矿难，大量放矿时采空区暴露面积大；采用伪倾斜房柱式采矿法时，工程量大，系统服务矿段小，矿石损失大；由于矿体厚度较薄，不宜广泛采用爆力运矿采矿法。

2. 协同技术原理

为克服常规房柱式采矿法工程量大、服务范围小、工作效率低等缺点，充分发挥爆破动能，将崩落矿石抛至电耙巷道中，提高生产效率，暂存矿石在支撑两帮、控制岩移等方面具有优势作用，陈庆发等[2]于 2016 年对伪倾斜房柱式采矿法采矿工艺进行二次创新，提出了一种电耙-爆力协同运搬伪倾斜房柱式采矿法，其示意图如图 4-2 所示。

新采矿方法充分挖掘了伪倾斜房柱式采矿法和爆力采矿法各自的核心优点，在采场结构方面拓展了伪倾斜房柱式采矿法的采场长度，将爆力运搬技术和电耙运搬技术综合协同运用于长度较大的伪倾斜布置采场出矿作业，解决了伪倾斜房柱式采矿法电耙在运搬距离较长时能效不足的问题，有效降低了工程布置掘进量和能源损耗，提高了矿石回采率。

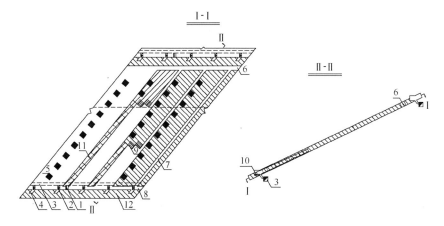

图 4-2 电耙–爆力协同运搬伪倾斜房柱式采矿法示意图

1-人行天井；2-放矿溜井；3-阶段运输巷道；4-电耙硐室；5-点柱；6-回风巷道；7-上山(电耙道)；8-切割平巷；9-炮孔；10-电耙绞车；11-条形矿柱；12-底柱；Ⅰ、Ⅱ-矿层代号；Ⅰ-Ⅰ、Ⅱ-Ⅱ-对应剖面编号(下文代表含意相同，不再赘述)

3. 技术经济指标

电耙–爆力协同运搬伪倾斜房柱式采矿法的技术经济指标可基于爆力运矿采矿法与房柱式采矿法的技术经济指标进行估算。通过查阅现有的各爆力运矿采矿法及房柱式采矿法的技术经济指标，综合确定出电耙–爆力协同运搬伪倾斜房柱式采矿法的主要技术经济指标，见表 4-2。

表 4-2 电耙–爆力协同运搬伪倾斜房柱式采矿法的主要技术经济指标

指标名称	单位	数量
采场生产能力	t/d	70~80
掌子面工效	t	8~9
采场凿岩台班效率	t	60
采切比	m/kt	11~15
损失率	%	3~6
贫化率	%	5~10
炸药	kg/t	0.22
雷管	个/t	0.23
导爆索	m/t	0.55
直接成本	元/t	1.5

4. 具体实施方式

将倾斜薄矿体划分为不同的阶段，各个阶段内沿矿体走向划分盘区，且盘区内设间柱；矿块划分为矿房和矿柱，与走向斜交布置于盘区，矿房长轴伪倾斜布置，预留条形矿柱宽为 3～5m；自底部阶段运输巷道向上挖掘规格为 2m×2m 的人行天井，向每个矿房一侧位置掘进 2m×2m 的放矿溜井；自人行天井在矿房下部边界处挖掘规格为 2m×2m 的切割平巷，作为回采初期的自由面和矿房之间的联络道；于放矿溜井处沿矿房长轴挖掘规格为 2m×2m 的上山，供行人、通风和运搬设备或材料，并将其作为回采时的自由面；在底柱挖掘规格为 2.5m×2.5m 的电耙硐室安装电耙绞车，与规格为 2m×2m 的回风巷道连通相邻矿房；矿房回采时，利用 YT-28 气腿式凿岩机从切割平巷打孔径为 38mm 的倾斜上向浅孔，以微差或秒差方式使用雷管或导爆管爆破，每次爆破 3～5 排炮孔；矿房自下而上逆倾斜回采，矿房下部崩落矿石由电耙耙入放矿溜井，上部矿石借助爆力和重力共同作用运搬至电耙道，由电耙耙入放矿溜井；矿房回采结束后，将条形矿柱削减为 3～5m 宽的点柱回采部分矿柱；所有矿石经电机车由阶段运输巷道运送至地表。

5. 优缺点

1）优点

电耙-爆力协同运搬伪倾斜房柱式采矿法将采场伪倾斜布置，降低采场结构布置的角度，解决倾斜薄矿体出矿难的问题；充分利用了伪倾斜房柱式采矿法和爆力采矿法各自的优点；利用爆力运搬增加了伪倾斜房柱式采矿法的采场长度，提高了矿石回采率，降低了工程布置掘进量；将爆力运搬技术和电耙运搬技术综合协同利用，扩大了伪倾斜房柱式采矿法的适用范围。

2）缺点

电耙-爆力协同运搬伪倾斜房柱式采矿法布置电耙出矿，出矿效率不高；上山作为爆破自由面，又作为回风巷道，可能导致通风困难。

6. 适用条件

电耙-爆力协同运搬伪倾斜房柱式采矿法主要适用于开采倾角为 30°～55°、厚度为 0.8～4.0m 的矿岩稳固或中等稳固的倾斜薄矿体。

4.3　一种缓倾斜薄矿体采矿方法

1. 提出背景

缓倾斜薄矿体是自然界中较为普遍存在的一大类矿体形态。这类矿床当多个矿体呈多层赋存时，一般采用下行方式开采，即先采上部矿体，后采下部矿体。但由于开采经济性的影响，经常需采用上行方式开采，即先开采下部矿体，后采上部矿体，这对下部矿体的开采提出了更高的要求。

我国铝土矿地下开采矿山不多，地下开采主要采用倾向长壁崩落采矿法、分段间断式短壁采矿法、分层崩落采矿法、锚杆支护房柱式采矿法、全面采矿法等。国外铝土矿地下开采技术条件相比国内普遍较好，如法国马赛某地下矿山(采用房柱式采矿法开采)，铝土矿层平均厚 8m，倾角为 10°～15°，顶底板均为厚层石灰岩，较稳固。希腊、法国、匈牙利、北乌拉尔铝土矿地下矿山均积极试验与采用现代化的采矿设备，实行机械化作业，保证铝土矿开采利润率的同时，提高了生产率和安全性，并且改善了劳动作业条件。机械装置的应用使工人不需要接近工作面危险区域，而且加快了作业进度，缩短了回收时间；采用的采矿方法有分层崩落采矿法、房柱式采矿法、全面采矿法、阶段矿房采矿法、液压支柱后退式崩落采矿法、两步骤矿房充填采矿法等。

我国大量煤系地层覆盖下的铝土矿矿体条件复杂。铝土矿多为缓倾斜倾角小于 20° 的薄矿体(平均厚度为 2.0～3.0m)，层状、似层状产出。上覆煤系地层直接影响着铝土矿层的勘探和开采，增大了铝土矿地下开采的难度和危险性。由于技术、安全或经济因素，多层矿体开采时，需要先开采下部矿体。下部矿体开采会形成采空区，地压控制不当时，将使采空区围岩产生较大的位移、变形或冒落，并导致上部矿层断裂、错位等破坏而不能开采。因而，下部矿体的保护性开采尤为重要。

采用壁式崩落采矿法、分层崩落采矿法等方法开采煤系地层下的铝土矿时，由于回采时崩落顶板围岩，将破坏上部煤层造成煤层资源损失，或崩落带与上部煤层采空区贯通，增加铝土矿的开采风险；采用锚杆支护房柱式采矿法、阶段矿房采矿法等方法开采煤系地层下的铝土矿时，回采后的采空区亦因应力集中、矿岩风化、遇水软化等因素影响，顶板围岩垮落，将破坏上部煤层造成煤层资源损失，或崩落带与上部煤层采空区贯通，增加铝土矿的开采风险。同时现存的房柱式采矿法劳动生产率低、采矿成本高、资源损失浪费严重，普遍达不到铝土矿资源合理开发利用"三率"(开采回采率、选矿回收率和综合利用率)的最低指标要求；且围岩破碎不稳固，地压管理困难，作业安全保障度不高。两步骤矿房充填采矿法能较好地适用于铝土矿的保护性开采，但由于铝土矿直接顶、底板多为软弱黏土岩，遇水易泥化，只能采用膏体充填或块石胶结充填，这类充填生产系统投资大、成本高。

2. 协同技术原理

为了克服上述已有技术存在的不足，陈何等[3]于 2015 年提出了一种有效提升采场的生产能力和采切比，开采的回采率高，贫化率低，上覆围岩小规模均匀沉降，矿层受开采影响小的缓倾斜薄矿体采矿方法，其示意图如图 4-3 所示。

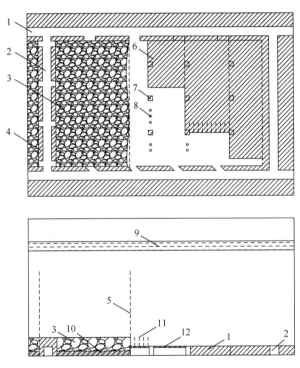

图 4-3　一种缓倾斜薄矿体采矿方法示意图

1-阶段平巷；2-盘区上山；3-切顶崩落充填；4-盘区间柱；5-诱导放顶；6-回采分带；7-矿柱；
8-液压支柱；9-上部矿层；10-碎石充填；11-切顶崩落炮孔；12-护顶矿层

一种缓倾斜薄矿体采矿方法基于空场、崩落与充填三大类采矿方法的技术优势,在采场结构型式与采场回采工作两个方面对传统房柱式采矿法进行了大幅度改进,形成了一种可行性较高的缓倾斜薄矿体开采方法。在矿柱支撑、人工矿柱充填、崩落围岩协同控制地压条件下,提高矿块生产能力。

通过对爆破方式与运输方式的革新,使凿岩作业与出矿作业平行协调推进,促进了落矿与出矿工作的协同,提升了矿石运搬效率;同时,通过崩落矿石与切顶充填协同作业,诱导矿体上覆岩层均匀沉降,形成了地压管理的有效措施。

3. 技术经济指标

一种缓倾斜薄矿体采矿方法将切顶、充填及顶板围岩诱导崩落等工作协同,将房柱式空场采矿法与长壁式崩落采矿法进行结合,因此该采矿方法的技术经济指标可基于房柱式空场采矿法与长壁式崩落采矿法进行估算。经查阅文献及计算后,确定出该采矿方法的主要技术经济指标,见表 4-3。

表 4-3 一种缓倾斜薄矿体采矿方法的主要技术经济指标

指标名称	单位	数量
采场生产能力	t/d	120~150
掌子面工效	t	10~15
采场凿岩台班效率	t	50~70
采切比	m/kt	10~15
损失率	%	15~20
贫化率	%	5~10
炸药	kg/t	0.5~0.7
雷管	个/t	0.6~0.9
导爆索	m/t	1.6~2.4
直接成本	元/t	3~4

4. 具体实施方式

将缓倾斜薄矿体划分为矿块,矿块内划分 6~8 个条带,矿块结构为沿走向长 50~70m、垂直走向长 40~50m、矿块间柱宽 7.0~8.0m、走向壁柱宽 2.0~2.5m、条带宽 6.0~8.0m、矿块内进行连续条带式回采,遵循先近后远、逐步向矿块边界扩展的前进式开采;采用全断面机械化条带式采矿,机械化凿岩,精细化控制爆破落矿，凿岩与出矿平行作业，炮孔有效进尺 2.7m，一天两个作业循环；采用光面爆破、不耦合装药等控制爆破技术保障护顶层及矿柱的安全；采用铲运机出矿、矿用卡车运矿；采场地压控制依靠顶板预留 0.3~0.5m 厚的护顶矿层、尺寸为 2m×2m~3m×3m 的矿柱及液压支柱保障采场顶板的稳定性；条带式矿房采场回采结束后，采用废石、尾砂或其他固体材料部分充填采空区，充填至空顶高度 1.0~1.5m；然后爆破崩落上覆围岩，切顶充填采空区，切顶高度 2.0~2.5m；每间隔 1~2 个条带式矿房采场，诱导爆破控顶，控顶高度 15~20m；控制覆岩切顶和爆破控顶的高度、范围，使矿体上覆岩层均匀沉降，并使临近采场位于应力降低区。

5. 优缺点

1) 优点

一种缓倾斜薄矿体采矿方法实施连续式开采作业，生产能力大，机械化程度高；经诱导崩落后，相邻采场回采条件好；实现一定范围内的上覆围岩小规模均匀沉降，一定范围外的矿层不受铝土矿开采的影响。

2) 缺点

一种缓倾斜薄矿体采矿方法支护工作量大；采空区处理过程复杂，对组织管理的要求高；矿柱较多，并且均无法进行回收。

6. 适用条件

一种缓倾斜薄矿体采矿方法主要适用于金属矿煤系地层覆盖下多层缓倾斜薄矿体，尤其适用于我国煤系地层覆盖下铝土矿多层缓倾斜薄矿体。

4.4　浅孔凿岩爆力–电耙协同运搬分段矿房采矿法

1. 提出背景

倾斜薄矿体受矿体厚度限制不宜采用大型设备及中深孔爆破，故生产能力不高。受矿体倾角的限制，致使高效率的无轨设备或者低成本的重力运搬无法很好地发挥作用，矿石运搬困难或运搬成本高。

现有的倾斜薄矿体采矿方法主要有留矿全面采矿法、爆力运矿采矿法和上向进路充填采矿法。这 3 种方法较适用于单层倾斜薄矿体的开采，但用于回采多层倾斜薄矿体时，留矿全面采矿法前期需要积留大量矿石，回采周期长,对相邻矿层矿块的回采影响很大,因此安全系数低,并且运搬成本高、矿石的损失率与贫化率较高;而爆力运矿采矿法多使用中深孔爆破回采,对围岩扰动大,威胁相邻矿层回采,损失率与贫化率较高;上向进路充填采矿法回采工艺复杂,脉外工程量大,采矿成本高。

2. 协同技术原理

为解决多层倾斜薄矿体开采过程中生产能力低、采场运搬效果差、矿层间矿块回采相互干扰大等问题,基于协同开采理念,将浅孔凿岩爆力运搬技术引入分段矿房采矿法,对其采矿工艺进行二次创新,陈庆发等[4]于 2016 年提出了一种浅孔凿岩爆力–电耙协同运搬分段矿房采矿法,其示意图如图 4-4 所示。

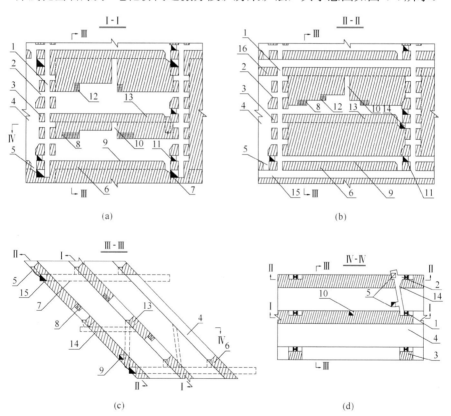

图 4-4　浅孔凿岩爆力–电耙协同运搬分段矿房采矿法示意图

1-人行天井;2-联络道;3-间柱;4-采空区;5-分段溜井;6-阶段底柱;7-穿脉运输巷道;
8-垂直倾向上向平行炮孔;9-电耙巷道(堑沟);10-先行天井;11-电耙硐室;12-水平炮孔;
13-分段底柱;14-辅助电耙巷道;15-沿脉运输巷道;16-阶段顶柱

浅孔凿岩爆力–电耙协同运搬分段矿房采矿法的实质是改造传统的分段矿房采矿法，并使之应用于多层薄矿体；主要通过改进矿块结构与回采顺序，多层矿体协调出矿，实现浅孔凿岩爆力与电耙运搬的协同配合，保证了回采工程中各作业环节的高效循环，提高矿块整体的生产效率。

3. 技术经济指标

浅孔凿岩爆力–电耙协同运搬分段矿房采矿法的技术经济指标可基于爆力运矿采矿法技术的经济指标进行估算。经查阅现有的各爆力运矿采矿法的技术经济指标，确定出了浅孔凿岩爆力–电耙协同运搬分段矿房采矿法的主要技术经济指标，见表4-4。

表4-4　浅孔凿岩爆力–电耙协同运搬分段矿房采矿法的主要技术经济指标

指标名称	单位	数量
采场生产能力	t/d	40～70
掌子面工效	t	5.0～5.5
采场凿岩台班效率	t	50～80
采切比	m/kt	25～30
损失率	%	10～15
贫化率	%	15～25
炸药	kg/t	0.40～0.65
雷管	个/t	0.6～0.9
导爆索	m/t	2～3
直接成本	元/t	2.0～3.5

4. 具体实施方式

以三层矿层组成的多层矿体为例进行说明。为叙述方便，自下而上矿层代号分别为Ⅰ、Ⅱ、Ⅲ。将多层矿体划分为不同阶段，各阶段内各矿层沿走向划分矿块，矿块对齐布置，矿块长60m、高40m，宽为矿块厚，以矿块为基本的回采单元；采准时，在Ⅰ矿层底部的脉内挖掘规格为 3m×2.8m 的沿脉运输巷道，接着挖掘规格为 2.8m×2.6m 的穿脉运输巷道垂直穿过Ⅱ、Ⅲ矿层矿块间柱下方的底柱；自穿脉运输巷道分别向上掘进Ⅱ矿层与Ⅲ矿层的人行天井，同时沿脉运输巷道向上掘进Ⅰ矿层的人行天井，并自人行天井沿矿体走向掘进联络道，人行天井与联络道规格均为 2m×2m；自沿脉运输巷道分别掘进Ⅰ矿层下分段与Ⅱ矿层上分段的分段溜井，同时自穿脉运输巷道分别掘进Ⅱ矿层下分段、Ⅲ矿层上分段与Ⅲ矿层下分段的分段溜井，分段溜井规格为 2m×2m；在拉底水平掘进规格为 2m×2m 的电耙巷道，并于溜井一侧间柱联络道劈帮形成规格为 3m×2m×2m 的电耙硐室；在电耙巷道中央逆倾斜向上掘进规格为 2m×2m 的先行天井，在电耙巷道上盘劈帮形成堑沟作为回采自由面；在Ⅰ矿层上分段底柱下自间柱人行天井联络道掘进规格为 2m×2m 的辅助电耙巷道连通Ⅱ矿层矿块间柱人行天井联络道，辅助电耙巷道掘进斜溜槽连通相邻矿块上的分段溜井；回采时，自Ⅲ矿层至Ⅰ矿层依次超前回采；Ⅱ、Ⅲ矿层矿块内下分段超前上分段回采，Ⅰ矿层矿块分段按先上后下的顺序回采，最后回采分段底柱；用浅孔凿岩机自先行天井向矿房两侧开凿平行炮孔，矿块底板与围岩或夹石的接触面炮孔的孔距减少 50%，保证爆破后底板形成光滑面，达到爆力运搬效果；矿层全厚度分两次回采，先用水平炮孔回采矿层下部矿石，再开凿垂直倾向上向平行炮孔回采矿层上部剩余矿石，矿层下部工作面超前上部工作面 2~3 班，形成倒台阶式工作面向矿房两侧推进；采下矿石由分段拉底电耙耙至分段溜井，出矿时开始下一轮凿岩，出矿结束后继续进行爆破作业；凿岩过程中，对底板不平处进行修整；矿房内每向上回采两层矿清理一次底板。

5. 优缺点

1）优点

浅孔凿岩爆力-电耙协同运搬分段矿房采矿法采用脉内布置沿脉运输巷道，脉外工程量减少 20%以上，且掘进出产矿石有助于缓解投资压力；采用浅孔凿岩爆力运搬，出矿过程中不影响继续凿岩，回采强度大，矿石运搬效果好；各矿层矿块可依次超前开采，同时回采的工作面多，生产能力大；矿块预留矿柱少，回采率高。

2）缺点

浅孔凿岩爆力-电耙协同运搬分段矿房采矿法凿岩过程中需要搭设临时板台，凿岩环境差；矿柱回采困难。

6. 适用条件

浅孔凿岩爆力-电耙协同运搬分段矿房采矿法主要适用于矿石及其上盘围岩和夹石层稳固性均在中等以上的多层倾斜薄矿体；且矿层底板光滑，矿岩之间有明显界限时效果更好。

4.5　分段凿岩并段出矿分段矿房采矿法

1. 提出背景

开采矿岩稳固的倾斜、急倾斜中厚矿体，常采用的是分段矿房采矿法和深孔垂直落矿分段凿岩阶段矿房采矿法。

分段矿房采矿法按矿块垂直方向划分若干分段；在每个分段水平上布置矿房和矿柱，各分段采下的矿石分别从各分段的出矿巷道运出，分段矿房回采结束后，可立即回采本分段的矿柱并同时处理采空区。该方法灵活性大，生产能力强，作业集中，但采准工程量大，巷道布置复杂，适用于矿岩稳固的倾斜和急倾斜中厚至厚矿体。

深孔垂直落矿分段凿岩阶段矿房采矿法在矿房内掘进分段巷道，将矿房划分为分段，用垂直中深孔落矿。回采前，除在矿房底部拉底、辟漏外，在矿房中央或旁侧形成垂直切割槽，并以此为自由面，垂直分段落矿；回采结束后，回采矿柱和处理采空区。该方法具有回采强度大、生产率高、采矿成本低、作业安全等优点，但要求矿体与围岩接触面规整，矿体无分层现象，不应有互相交错的节理或穿插破碎带，适用于急倾斜的厚大矿体或中厚矿体。

在开采矿岩稳固、倾角变化频繁或因断层错动的倾斜、急倾斜中厚矿体时，单独采用上述两种方法都会遇到一些技术问题。采用分段矿房采矿法，灵活性较大，能够根据矿体倾角或错动位置的变化合理地布置分段，矿石损失率和贫化率较低，但要求每个分段都有分段运输巷道，采准工程量大，巷道布置复杂；采用深孔垂直落矿分段凿岩阶段矿房采矿法，虽然采准工程量较小，但灵活性差，难以适应矿体倾角或错动位置的变化，特别是当矿体倾角变缓、矿体与围岩接触面不规整时，矿石的损失率和贫化率会大大增加。

2. 协同技术原理

为克服常规深孔垂直落矿分段凿岩阶段矿房采矿法在开采围岩稳固倾角变化频繁或因断层错动的倾斜急倾斜中厚矿体时灵活性差、矿石的损失率和贫化率大等缺点，改善分段矿房采矿法采准工程量大、巷道布置复杂等的不足，在协同开采理念的指导下，对常规深孔垂直落矿分段凿岩阶段矿房采矿法进行二次创新，陈庆发等[5]于 2013 年提出了一种分段凿岩并段出矿分段矿房采矿法，其示意图如图 4-5 所示。该采矿方法根据矿体赋存情况，主要有两种表现形式[图 4-5(a)和图 4-5(b)]，但采矿工艺基本一致。

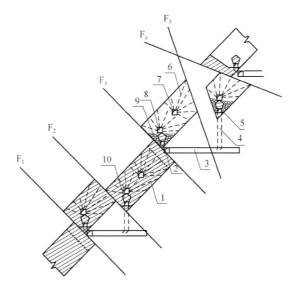

(a) 因断层错动的倾斜、急倾斜中厚矿体

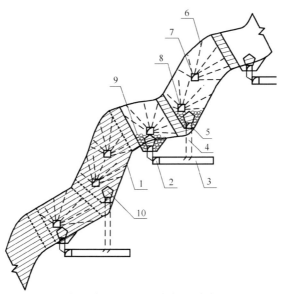

(b) 矿岩稳固倾角变化频繁的倾斜、急倾斜中厚矿体

图 4-5　分段凿岩并段出矿分段矿房采矿法示意图

1-矿体；2-阶段运输巷道；3-装矿平巷；4-溜井；5-电耙巷道；6-炮孔；
7-分段凿岩巷道；8-拉底巷道；9-崩落矿石；10-漏斗

分段凿岩并段出矿分段矿房采矿法充分挖掘分段矿房采矿法和垂直深孔分

段凿岩阶段矿房采矿法各自的技术优点，在采场结构(具体为回采分段和底部出矿结构)上，通过合并分段和独立分段布置独立的底部出矿结构，可同时回采、同时出矿，缩短了矿块的回采时间，灵活加强了合并分段内及合并分段与独立分段间的工作协同配合，从而整体上实现了矿岩稳固倾角变化频繁或因断层错动的倾斜、急倾斜中厚矿体的安全高效回采，扩大了分段矿房采矿法的适用范围。

3. 技术经济指标

分段凿岩并段出矿分段矿房采矿法的技术经济指标可基于分段矿房采矿法和深孔垂直落矿分段凿岩阶段矿房采矿法的技术经济指标进行估算。查阅现有的各分段矿房采矿法和深孔垂直落矿分段凿岩阶段矿房采矿法的技术经济指标，确定出分段凿岩并段出矿分段矿房采矿法的主要技术经济指标，见表4-5。

表 4-5　分段凿岩并段出矿分段矿房采矿法的主要技术经济指标

指标名称	单位	数量
采场生产能力	t/d	300～400
掌子面工效	t	20～40
采场凿岩台班效率	t	90～140
采切比	m/kt	7.5～8.5
损失率	%	6.4
贫化率	%	9.4～13.5
炸药	kg/t	0.46
雷管	个/t	0.22
导爆索	m/t	0.25
直接成本	元/t	3

4. 具体实施方式

将矿体划分为不同阶段，沿走向划分矿块，以矿块为基本的回采单元，自阶段运输巷道在间柱内向上掘进规格为 2m×2m 的通风人行上山，连通上阶段的阶段运输巷道；从通风人行上山向矿房掘进若干规格为 2.6m×2.6m 的分段凿岩巷道，将矿块划分为分段，并确定部分分段合并，将合并分段和独立分段底部的分段凿岩巷道作为拉底巷道，自拉底巷道中间或旁侧向上掘进规格为 2m×2m 的切割天井；从通风人行上山向底柱掘进规格为 2m×2m 的电耙巷道；自阶段运输巷道向溜井方向掘进规格为 2m×2m 的装矿平巷，自装矿平巷向上掘进规格为 2m×2m 的溜井，连通电耙巷道；从电耙巷道向两侧掘进规格为 1.8m×1.8m 的斗穿，自斗穿向上掘进规格为 2m×2m 的漏斗颈；从漏斗颈中钻凿倾斜向上的炮孔将上部漏斗颈扩大为漏斗；以拉底巷道为自由面扩帮形成高度为 2.6m、宽度为矿体厚度的拉底空间；在切割天井中打水平中深孔，分层爆破后形成宽度为 5～8m、长度为矿体厚度的切割槽；回采时，各分段以切割槽为自由面，从垂直中深孔落矿，崩落矿石借助重力落到漏斗中，经电耙巷道溜至阶段出矿水平，在阶段运输巷道和装矿平巷中装车运输，矿房回采结束后回采矿柱和处理采空区。

5. 优缺点

1) 优点

分段凿岩阶段出矿分段矿房采矿方法充分利用了分段矿房采矿法和深孔垂直落矿分段凿岩阶段矿房采矿法各自的优点；通过灵活布置各回采分段和底部出矿结构，扩大了分段矿房采矿法的适用范围；合并分段和独立分段均布置有独立的底部出矿结构，可同时回采，同时出矿，缩短了矿块的回采时间，提高了矿块的回采强度和劳动生产率；由于围岩的暴露时间短，可适当降低对围岩稳固性的要求。

2) 缺点

分段凿岩阶段出矿分段矿房采矿法采准工作量大，钻岩技术要求较高(特别是遇到断层时)；矿体形态变化较大时，可能会增大贫化损失。

6. 适用条件

分段凿岩阶段出矿分段矿房采矿法主要适用于矿岩稳固、倾角变化频繁或因断层错动的倾斜急倾斜中厚矿体。

4.6 卡车协同出矿分段凿岩阶段矿房法

1. 提出背景

对于矿岩稳固的厚和极厚急倾斜矿体或急倾斜平行极薄矿脉组成的细脉带，一般采用深孔垂直落矿分段凿岩阶段矿房采矿法和水平深孔阶段矿房采矿法回采。

深孔垂直落矿分段凿岩阶段矿房采矿法回采矿体具有开采强度大、通风条件好、矿房生产能力大等优点，但由于使用电耙、溜井等出矿，在一定程度上存在采切工程量大、出矿效率低等缺点。水平深孔落矿阶段矿房采矿法回采矿体具有劳动生产率高、采矿成本低等优点，但存在崩矿时对底部结构具有一定的破坏性等缺点。

近年来，简化采矿作业环节与无轨运输是我国地下矿山开采技术发展的趋势。针对传统的分段凿岩阶段矿房采矿法，若可以采取无轨运输措施来强化落矿作业和出矿作业在时间和矿量上的协同，则可大幅度提升矿山生产效率。

2. 协同技术原理

为解决矿岩稳固的厚和极厚急倾斜矿体或急倾斜平行极薄矿脉组成的细脉带矿体回采时，采用常规分段凿岩阶段矿房采矿法开采采切工程量大、出矿效率低等缺点，在协同开采理念的指导下，陈庆发等[6]于2017年提出了一种卡车协同出矿分段凿岩阶段矿房法，其示意图如图4-6所示。

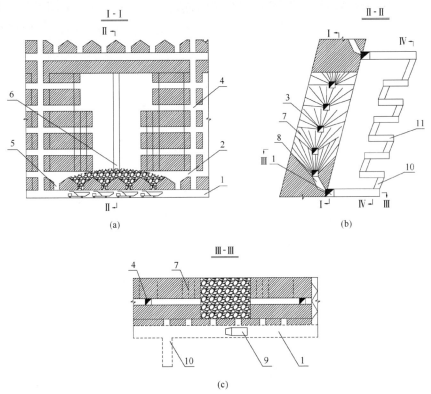

图 4-6　卡车协同出矿分段凿岩阶段矿房法示意图

1-运输巷道；2-拉底巷道；3-分段凿岩巷道；4-通风人行天井；5-漏斗颈；
6-切割天井；7-炮孔；8-短溜井；9-卡车；10-斜坡道；11-斜坡弯道

卡车协同出矿分段凿岩阶段矿房法采取卡车无轨出矿技术措施，改变传统有轨出矿工艺；通过快速提升出矿效率，从而保障落矿和出矿作业在时间和矿石量上的高效协同配合，进而提高矿山生产效率。卡车协同出矿分段凿岩阶段矿房法本质也可以看作是由传统分段凿岩阶段矿房采矿法改造形成的，但在落矿与出矿工作方面产生了明显的 1+1>2 的协同效果。

3. 技术经济指标

卡车协同出矿分段凿岩阶段矿房法的技术经济指标可基于分段凿岩阶段矿房采矿法的技术经济指标进行估算。查阅现有分段凿岩阶段矿房采矿法的技术经济指标，确定出卡车协同出矿分段凿岩阶段矿房法的主要技术经济指标，见表 4-6。

表 4-6 卡车协同出矿分段凿岩阶段矿房法的主要技术经济指标

指标名称	单位	数量
采场生产能力	t/d	250～300
掌子面工效	t	20～45
采场凿岩台班效率	t	80～100
采切比	m/kt	3.6～6.5
损失率	%	24～32
贫化率	%	9～11
炸药	kg/t	0.45～0.7
雷管	个/t	0.4～0.6
导爆索	m/t	1.2～1.5
直接成本	元/t	4～6

4. 具体实施方式

将矿岩稳固的厚和极厚急倾斜矿体或急倾斜平行极薄矿脉组成的细脉带划分为不同阶段；各阶段内划分矿块，矿块划分为矿房和矿柱，阶段高 50～60m；沿矿房高度划分成若干个分段，分段高 10～12m，矿房长度 30～50m，间柱宽 8～10m，顶柱厚 5～6m；矿房回采前，利用规格为 4m×3.5m 的运输巷道掘进规格为 3m×2m 的短溜井，在间柱中布置规格为 2m×2m 的通风人行天井，利用此天井掘进规格为 3m×3m 的分段凿岩巷道，并通过分段凿岩巷道掘规格为 2m×2m 的切割天井扩帮形成切割槽；矿房回采时，在凿岩巷道内打上向扇形中深孔，内侧炮孔与水平夹角至少呈 55°，以便矿石利用自重下滑；上分段超前两排炮孔，采用微差爆破分段崩矿，每次爆破 3～5 排炮孔；出矿时，放矿漏斗口安装振动放矿机，且放矿机出矿口末端距离巷道底板至少 2.5m，卡车进入运输巷道停靠于放矿漏斗口正下方，前后间隔 0.6～1.0m；装矿完毕后，卡车经规格为 3m×3m 的斜坡道运送至地表，直至矿房回采完毕。

5. 优缺点

1）优点

卡车协同出矿分段凿岩阶段矿房法采用卡车及斜坡道直接出矿，提高了机械化程度；克服了传统分段凿岩阶段矿房采矿法出矿效率低、采切工程量大的缺点，提高了生产效率，减少了采切工程量；简化了底部结构，减少了矿石转运作业环节；提高了回采作业的安全性。

2）缺点

卡车协同出矿分段凿岩阶段矿房法卡车直接出矿对卡车的轮胎磨损较大，对卡车质量要求高；卡车出矿巷道断面较大，对支护要求较高；采用斜坡道运输矿石，道路维护工作量较大。

6. 适用条件

卡车协同出矿分段凿岩阶段矿房法主要适用于矿岩稳固的厚和极厚急倾斜矿体，或急倾斜平行极薄矿脉组成的细脉带矿体。

4.7　协同空区利用的采矿环境再造无间柱分段分条连续采矿法

1. 提出背景

随着矿产资源的不可再生性与日益增加的需求之间的矛盾越来越显著，原本不太引人注意的采空区隐患资源也日益受到世人关注，据不完全统计，这部分资源当前已经约占到我国有色金属资源的 1/3，对于我国矿山的可持续发展和和谐社会的建设具有重要的意义，将成为我国矿业发展的重要接替资源。

然而，由于矿山的一次开采或民采因素，在次生应力和动力扰动的共同作用下，这部分资源的矿岩稳固性受到了很大的破坏，采空区围岩呈现出矿岩破碎、稳定性和坚固性差、应力集中、地下导水突水通道多等基本特点。

在各种致灾因子的共同作用下，采空区围岩结构系统的自身结构在时间和空间上不断发生动态演化，稳定性朝着劣化方向发展，一旦条件成熟(达到某一阈值)，即可引发大面积顶板冒落和围岩移动、地表塌陷、高速气浪、冲击波等大规模地质灾害事故，给隐患资源开采带来了严重的安全隐患。

以往人们把隐患资源开采与采空区处理看作是一对矛盾，分别进行独立设计、施工，没有更好的方法或思想能够有效地调和这对矛盾。

2. 协同技术原理

为安全、高效回采采空区隐患资源，选取的采矿方法与工艺需要能够衔接各种规模采空区的处理模式且满足复杂开采环境的要求。为此，基于化整为零的思想，以及连续采矿和采矿环境再造的学术思想，本着资源开采与采空区处理协同的理念，陈庆发[7]于2009年创新提出了能协同空区利用的采矿环境再造无间柱分段分条连续采矿法(母法)，其示意图如图4-7所示。

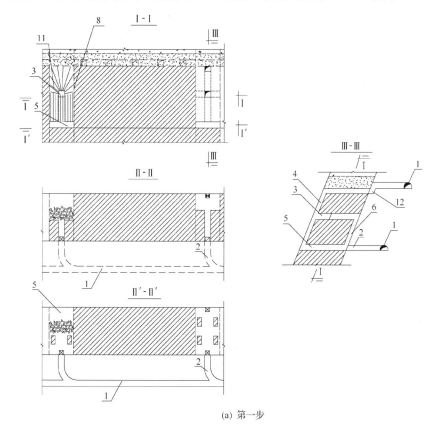

(a) 第一步

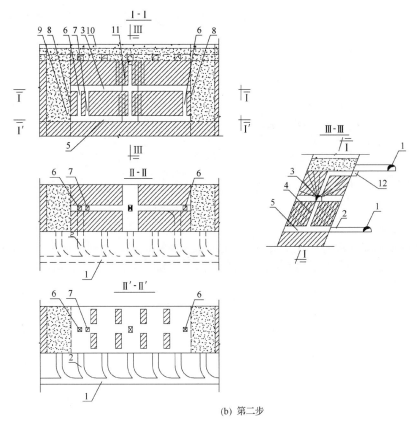

(b) 第二步

图 4-7　采矿环境再造无间柱分段分条连续采矿法示意图

1-下盘阶段运输巷道；2-出矿进路；3-上分段凿岩巷道；4-切割通风天井；5-下分段凿岩巷道或全长拉底；
6-分段人行天井；7-分段排坊溜井；8-矿块边界；9-部分高度胶结充填；10-低配比尾砂充填或块石充填；
11-炮孔；12-充填通风联络道

　　针对采空区的规模不同，技术上分两种采空区协同利用方案。

　1)方案一

　　该方案针对采空区隐患资源，分两步对矿体进行回采：第一步先回采矿柱，并用高配比的水泥砂浆胶结充填，改造或再造采矿环境；第二步回采矿房，并进行低配比的水泥砂浆充填和部分高配比的胶结充填；该采矿方法将阶段矿体划分为若干分段，沿矿体长度方向布置矿房和间柱，并根据现有采空区的赋存特征，调整开采布局；采准切割时，以岩体力学性质计算分析为指导，调整工艺过程，将中小规模采空区直接内嵌入矿山开采布局中，作为开采系统中的部分井巷工程、切割工程、自由爆破空间、硐室空间等加以协同利用(图 4-8)，从工艺协调的角度处理采空区。

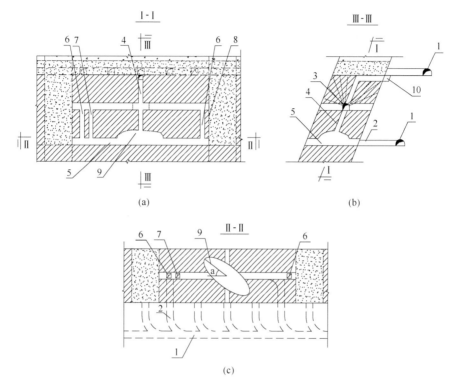

图 4-8　中小规模采空区协同利用示意图

1-下盘阶段运输巷道；2-出矿进路；3-上分段凿岩巷道；4-切割通风天井；5-下分段凿岩巷道或全长拉底；
6-分段人行天井；7-分段排坊溜井；8-矿块边界；9-斜交采场长度方向空区；10-充填通风联络道

2)方案二

该方案整体部分同方案一；在赋存较大规模采空区或复杂采空区时，首先通过采矿环境再造的方式，划大采空区为小采空区或划连续采空区为孤立采空区，其次在小采空区或孤立采空区内嵌入矿山开采布局中加以协同利用(图 4-9)，从工艺协调的角度处理采空区。

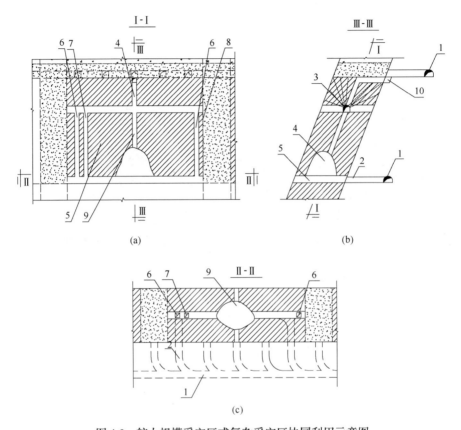

图 4-9　较大规模采空区或复杂采空区协同利用示意图

1-下盘阶段运输巷道；2-出矿进路；3-上分段凿岩巷道；4-切割通风天井；5-下分段凿岩巷道或全长拉底；
6-分段人行天井；7-分段排坊溜井；8-矿块边界；9-高度稍大空区；10-充填通风联络道

3. 技术经济指标

协同空区利用的采矿环境再造无间柱分段分条连续采矿法的技术经济指标可基于分段矿房采矿法、充填采矿法的技术指标进行估算。查阅现有的分段矿房采矿法、充填采矿法的技术经济指标，确定出协同空区利用的采矿环境再造无间柱分段分条连续采矿法的主要技术经济指标，见表4-7。

表 4-7　协同空区利用的采矿环境再造无间柱分段分条连续采矿法的主要技术经济指标

指标名称	单位	数量
采场生产能力	t/d	100～200
掌子面工效	t	15
采场凿岩台班效率	t	80
采切比	m/kt	20.3
损失率	%	14.55
贫化率	%	15
炸药	kg/t	0.6
雷管	个/t	0.2
导爆索	m/t	0.43
直接成本	元/t	20

4. 具体实施方式

先将单采空区条件下的中厚至极厚矿体划分为不同阶段，阶段高度30～50m，并将各阶段划分为 2～3 个分段。根据采空区赋存特征，调整开采布局，并沿矿体长度方向布置矿房和间柱，矿房长度 40～60m，间柱长度 12～15m，不留顶柱、底柱。根据采空区位置、规模、利用方式等条件，布置阶段运输平巷、出矿进路、分段凿岩巷道、切割通风天井、分段人行天井、分段排坊溜井、拉槽硐室、充填通风联络道等采切工程。其中，将中小规模的采空区直接作为开采系统中的部分井巷工程、切割工程、自由爆破空间、硐室空间等加以利用；将较大规模的采空区或复杂空区首先通过采矿环境再造的方式，划大采空区为小采空区或划连续采空区为孤立采空区，其次将小采空区或孤立采空区内嵌入矿山开采布局中加以利用。在间柱的一端布置拉槽，在分段凿岩巷道钻凿上向扇形中深孔，通过上下分段同时爆破或微差爆破，从一端往另一端后退式回采间柱。爆破用的炸药推荐采用 2 号岩石硝铵炸药或黏性铵油炸药，并用装药机装药。间柱回采完毕，通过上一阶段运输平巷，经出矿进路、充填通风联络道下放充填管路对间柱进行充填，砂浆配比为 1∶4。回采矿房时，将拉槽布置在中央，为减小爆破对充填体的破坏作用，采用中间往两端回采的方式。经下盘的出矿进路从下分段的凿岩巷道或平底采用铲运机(建议采用遥控装置铲运机)

进行出矿，且待矿房回采完毕，经出矿进路、充填通风联络道下放充填管路对其进行充填。为便于下阶段开采，矿房底部 4～6m 采用配比为 1：4 的水泥砂浆进行充填，其余部分采用配比为 1：10 的水泥砂浆进行充填，充填脱水采用 ϕ75mm(ϕ 为直径)的波纹脱水管。凿岩时，新鲜风流自下一阶段运输平巷经出矿进路、凿岩巷道、切割通风天井、充填通风联络道、上一阶段出矿进路后，排至上一阶段运输巷道。回采时，新鲜风流自下一阶段运输平巷经出矿进路、凿岩巷道、采空区、充填通风联络道、上一阶段出矿进路后，排至上一阶段运输巷道。为尽量缩短采空区暴露时间，间柱和矿房的回采均强采强出，并在一个采场回采完毕后，尽快进行采空区的充填。

当矿体内局部存在采空区时，将该地段作为相当于采场的拉槽地段，将采空区作为自由面协同利用，从采空区往一端后退式回采或往两端后退式回采。为尽量避免下阶段开采过程中对充填体的超爆造成大的贫化或避免凿岩巷道最低夹角炮孔以下矿石的损失，在矿体稳固性允许的情况下，可在底部分段采取全长拉底并适当留条柱或点柱支撑，往上钻凿平行炮孔。

为充填采场中部，在上一阶段胶结充填体内打充填联络道时，应采取一些相应措施确保巷道的稳定性。例如，采用较小的进路断面(断面规格为 2m×2m 或更小)；在巷道断面周边采取光面爆破以降低对充填体的破坏；对该巷道采取一定的支护措施；从间柱内走向方向的充填联络道往旁边采场空区延伸充填管路通道时，采取往侧下方向打延伸充填联络道或直接打下充填管的炮孔；在旁边采场回采前或存在小部分空区时，就打好上阶段胶结充填体内充填联络道。

5. 优缺点

1) 优点

协同空区利用的采矿环境再造无间柱分段分条连续采矿法不再保留传统意义上的间柱和顶底柱，整体资源回采率较高；事先回采所谓间柱对应资源并胶结充填，在改善间柱和矿房回采作业环境的同时，降低了对矿房充填的整体要求，从而降低了开采成本；通风较好、综合生产能力较强；能充分考虑矿体厚度变化和复杂采空区赋存特点，并采取不同工艺协同利用采空区。

2) 缺点

协同空区利用的采矿环境再造无间柱分段分条连续采矿法的工艺及工程布置需满足复杂开采环境的要求,且能够衔接各种规模采空区处理与利用模式,因此对设计、施工的要求相对较高。

6. 适用条件

协同空区利用的采矿环境再造无间柱分段分条连续采矿法主要适用于单采空区条件下中厚至极厚矿体。

4.8 一种地下矿山井下双采场协同开采的新方法

1. 提出背景

随着我国经济建设的快速发展,对资源的需求日益扩大,矿山需进行规模化开采以满足社会发展对资源的需求。近几年来,矿山开采主要向大型采矿设备方向发展,从而实现采矿生产作业过程的高效,如地下矿无轨凿岩台车开凿上向深孔可达 $60\sim80m$、大型无轨出矿设备最大装载量达到 $6m^3$ 等。大型地下无轨凿岩、出矿设备的使用对矿山高效开采起到了积极的推动作用,但是地下开采中同时回采的矿块数是决定矿山产能提升的首要因素,因此增大矿块构成要素的尺寸,实现多个采场同时安全回采,可大幅度提升矿山产能。

近几年空场嗣后充填采矿方法因其生产能力大,采空区采用嗣后充填处理对地表环境影响小而应用较广,采场参数结合矿岩体稳定性条件布置,一般矿房(矿柱)宽 $8\sim15m$、长 $40\sim50m$。

中国专利 ZL201210170216.3 公开的"适于大型地下矿山开采的嗣后充填采矿方法"中,将厚大矿段划分为多个盘区,盘区内 $3\sim6$ 个采场同时回采,加大了采场结构参数,但回采后空区暴露面积大、安全性较差,而且其底部出矿结构为传统的布置方式,多采场同时回采时,采切工程量大。

2. 协同技术原理

针对现有技术存在的缺陷,孙丽军等[8]于 2016 年提出了一种能够双采场同步回采、生产能力大、采准工程量小的地下矿山井下双采场协同开采的新方法,其示意图如图 4-10 所示。

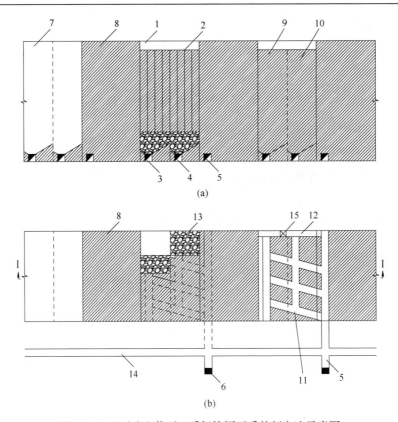

图 4-10　地下矿山井下双采场协同开采的新方法示意图

1-凿岩硐室；2-炮孔；3-左矿房出矿堑沟；4-右矿房出矿堑沟；5-出矿巷；6-溜井；7-充填体；8-矿柱；
9-左矿房；10-右矿房；11-出矿联巷；12-切割巷；13-崩落矿石；14-沿脉平巷；15-切割井

地下矿山井下双采场协同开采的新方法变革了采场结构，在矿块内同时布置双采场，两个采场可同时回采；双采场间采用阶梯式工作面推进并共用一条出矿巷，可两个采场同步出矿，可促进落矿工作与出矿工作的协同，实现矿山规模化开采。

3. 技术经济指标

一种地下矿山井下双采场协同开采的新方法的技术经济指标可基于空场采矿法和充填采矿法进行估算。查阅现有的空场采矿法和充填采矿法的技术经济指标，确定一种地下矿山井下双采场协同开采的新方法的主要技术经济指标，见表 4-8。

表 4-8 一种地下矿山井下双采场协同开采的新方法的主要技术经济指标

指标名称	单位	数量
采场生产能力	t/d	200～300
掌子面工效	t	16
采场凿岩台班效率	t	85
采切比	m/kt	15
损失率	%	10
贫化率	%	10
炸药	kg/t	0.6
雷管	个/t	0.2
导爆索	m/t	0.43
直接成本	元/t	20

4. 具体实施方式

垂直矿体走向划分多个矿块,每个矿块再划分成两个矿房(左矿房和右矿房);矿块采用间隔回采,两个相邻回采矿块之间留设矿柱;矿块的长度、矿柱的宽度相等,皆为 30～40m,左矿房、右矿房的宽度为 15～20m;沿脉平巷布设在矿体以外并与矿体走向平行,在沿脉平巷垂直于矿体走向掘进出矿巷,然后在出矿巷内开凿出矿联巷,分别沟通左矿房和右矿房,在左矿房、右矿房的底部位置分别掘进左矿房出矿堑沟、右矿房出矿堑沟,在矿体以外的出矿巷内布设溜井;出矿巷布设在矿块底部的单侧,左矿房、右矿房共用出矿巷;在矿块底部上盘矿岩接触处,沿矿体走向开凿切割巷,在切割巷内开凿切割井,以切割井和切割巷为补偿空间爆破形成切割槽;在左矿房出矿堑沟和右矿房出矿堑沟内利用中深孔凿岩设备凿岩,从上盘向下盘后退推进,爆破回采 10～15m 高矿体,利用铲运机将崩落矿石从出矿巷内运至溜井;在矿块顶端开凿凿岩硐室,利用深孔凿岩设备开凿下向炮孔,采用控制爆破技术逐段起爆一次性爆破,使爆破矿石下部堑沟空间作为自由面,崩落、集聚于左矿房出矿堑沟和右矿房出矿堑沟内;左矿房工作面超前于右矿房的工作面,超前距离为 10～12m,以阶梯形式推进;重复以上步骤,从上盘向下盘推进,直至整个矿块回采结束;然后在上中段巷道与本中段回采矿块相通处布置充填管路,直接回填采空区形成充填体,以支撑矿柱确保下一步回采作业安全。待间隔矿块回采结束、充填体充填采空区后,以同样的方法对矿柱内的矿石进行回收。

5. 优缺点

1）优点

一种地下矿山井下双采场协同开采的新方法对于矿岩稳固性好的倾斜厚大矿体，可两个采场同时回采，生产能力可提高一倍；双采场间采用阶梯式工作面推进，两个采场共用一条出矿巷，可实现两个采场同步出矿，采准工程量小、出矿效率高，实现了矿山规模化开采。

2）缺点

一种地下矿山井下双采场协同开采的新方法在实践中的安全性需加强论证，且通风效果较差。

6. 适用条件

一种地下矿山井下双采场协同开采的新方法特别适用于矿岩稳固性较好的倾斜厚大矿体规模化开采。

参 考 文 献

[1] 陈庆发, 陈青林, 吴贤图, 等. 采场台阶布置多分支溜井共贮矿段协同采矿方法: 中国, 201510673789.1[P]. 2015-10-16.

[2] 陈庆发, 刘俊广, 黎永杰, 等. 电耙-爆力协同运搬伪倾斜房柱式采矿法: 中国, 201610577976.4[P]. 2016-07-21.

[3] 陈何, 黄丹, 杨超, 等. 一种缓倾斜薄矿体采矿方法: 中国, 201511019114.1[P]. 2015-12-30.

[4] 陈庆发, 李世轩, 胡华瑞, 等. 浅孔凿岩爆力-电耙协同运搬分段矿房法: 中国, 201611103740.3[P]. 2016-12-05.

[5] 陈庆发, 张亚南, 吴仲雄. 分段凿岩并段出矿分段矿房采矿法: 中国, 201310331194.9[P]. 2013-08-01.

[6] 陈庆发, 胡华瑞, 陈青林. 卡车协同出矿有底柱分段崩落法: 中国, 201710154314.0[P]. 2017-03-15.

[7] 陈庆发. 隐患资源开采与采空区治理协同研究[D]. 长沙: 中南大学, 2009.

[8] 孙丽军, 汪为平, 孙国权, 等. 一种地下矿山井下双采场协同开采的新方法: 中国, 201610439450.X[P]. 2016-06-20.

第5章 崩落类协同采矿方法

5.1 柔性隔离层充当假顶的分段崩落协同采矿方法

1. 提出背景

分段崩落采矿法可细分为无底柱分段崩落采矿法和有底柱分段崩落采矿法，但无底柱分段崩落采矿法的应用更为广泛。该方法主要适用于急倾斜厚矿体或缓倾斜极厚矿体，对下盘围岩稳固性要求较高，且需要矿石中等稳固以上及地表和围岩允许崩落的条件；其特点是分段下部未设由专用出矿巷道所构成的底部结构，分段凿岩、崩矿和出矿等工作均在回采巷道中进行，简化了采场结构，便于使用无轨设备。分段高度一般为10m，各分段自上而下进行回采，回采矿石用转运机或铲运机运至溜井，下放到阶段运输巷道，转车运出。其中矿石是在覆盖岩石下放出，故随着矿石的放出，岩石充填了采空区。该采矿方法由于安全性好，采场结构简单，可使用高效率的大型无轨设备，具有机械化程度高等优点，在黑色金属矿山应用较为广泛。

无底柱分段崩落采矿法在被广泛应用之时，尚存在诸多不足之处，如回采巷道独头作业，无法形成贯穿风流，导致通风困难；放矿时矿岩接触面大，导致岩石混入率高，矿石损失率与贫化率大。虽然随着技术的革新，这些不足之处有所优化，但难以从根本上解决问题。

2. 协同技术原理

为克服常规无底柱分段崩落采矿法在放矿时矿石贫化损失高的不足，进一步提高矿石回采率，充分发挥该采矿方法的优势，在无废开采、协同开采等理念的指导下，通过对无底柱分段崩落采矿法采场结构及覆岩放矿岩石混入过程的分析，将柔性隔离层引入无底柱分段崩落采矿法，对其采矿工艺进行二次创新，陈庆发等[1]于2016年提出了一种柔性隔离层充当假顶的分段崩落协同采矿方法，其示意图如图5-1所示。

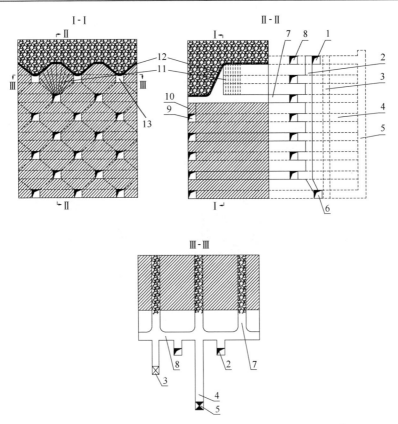

图 5-1 柔性隔离层充当假顶的分段崩落协同采矿方法示意图

1-上一阶段沿脉运输巷道；2-矿石溜井；3-通风行人天井；4-设备井联络道；5-设备井；6-阶段沿脉运输巷道；
7-回采巷道；8-分段运输平巷；9-分段切割平巷；10-切割天井；11-上向扇形炮孔；12-柔性隔离层；
13-柔性假顶悬空巷道

　　柔性隔离层充当假顶的分段崩落协同采矿方法可以看成是改进的无底柱分段崩落采矿法，突出之处在于设置柔性隔离层假顶以隔离崩落矿石与覆岩，在保留无底柱分段崩落采矿法采场结构简单、安全性好、机械化程度高等优点的同时，弥补无底柱分段崩落采矿法废石混入量大的缺陷，实现了矿、废分离，减少了矿石损失，且出矿与废石充填与隔离层同步进行、出矿与地压控制工作有效协同。

3. 技术经济指标

　　柔性隔离层充当假顶的分段崩落协同采矿方法技术的经济指标可基于无

底柱分段崩落采矿法的技术经济指标进行估算。查阅现有的无底柱分段崩落采矿法的技术经济指标，确定出柔性隔离层充当假顶的分段崩落协同采矿方法的主要技术经济指标，见表 5-1。

表 5-1　柔性隔离层充当假顶的分段崩落协同采矿方法的主要技术经济指标

指标名称	单位	数量
采场生产能力	t/d	55～65
掌子面工效	t	5.0～5.5
采场凿岩台班效率	t	60
采切比	m/kt	30～35
损失率	%	1.7
贫化率	%	6
炸药	kg/t	0.3
雷管	个/t	0.40～0.45
导爆索	m/t	1.5
直接成本	元/t	2

4. 具体实施方式

先将急倾斜厚矿体划分为不同阶段，各阶段内沿走向划分为矿块，按每层 7～8m 的高度将矿块划分为若干分层；自阶段沿脉运输巷道向上掘进规格为 2m×2m 的通风行人天井和规格为 2m×2m 的矿石溜井，连通上一阶段沿脉运输巷道，从矿石溜井开凿规格为 3m×3m 的分段运输平巷，从分段运输平巷掘进呈菱形交错布置的规格为 3m×3m 的回采巷道，分段运输平巷连通矿石溜井和回采巷道，主要用于出矿；在回采巷道末端开凿规格为 3m×3m 的分段切割平巷及规格为 2m×2m 的切割天井连通上一分段，分段切割平巷和切割天井作为开采上一分段的入风通道，且切割天井作为该分段的回采自由面；然后在矿块上部用支柱采矿法开采出 3m 高的造顶空间，并按钢丝绳、金属网、聚酯纤维的顺序在底板铺设柔性材料，随后下放覆盖物，形成覆盖岩石层；开采时从分段切割平巷打中深孔上向扇形炮孔，以微差或秒差雷管或导爆管爆破，每次爆破 2～3 排炮孔；矿石崩落后由铲运机出矿运至矿石溜井，经阶段沿脉运输巷道运送至地表，出矿后，柔性隔离层在覆盖物自重作用下下移，最终与回采巷道共同构成柔性假顶悬空巷道，以此方式循环开采每一分段至阶段运输巷道；开采期间采场通风顺序为新鲜风流自阶段沿脉运输巷道经通风行人天井进入回采分段下一分段的回采巷道，经分段切割平巷、切割天井及柔性假顶悬空巷道进入回采工作面，形成贯穿风流，由上一阶段沿脉运输巷道排出。

5. 优缺点

1）优点

柔性隔离层充当假顶的分段崩落协同采矿方法对传统无底柱崩落采矿法进行了改进，柔性隔离层假顶的存在使矿废由直接接触转为间接接触，减少了废石的混入量，降低了矿石贫化率与损失率，有效地提高了矿石回采率；若对柔性隔离层上方进行充填，可有效控制地表大规模沉陷；工艺简单、便于工人掌握。

2）缺点

柔性隔离层充当假顶的分段崩落协同采矿方法对隔离层的要求较高，其应具有一定强度，且易于安装；隔离层无法回收，造成了一定的材料损失。

6. 适用条件

柔性隔离层充当假顶的分段崩落协同采矿方法主要适用于地表和围岩允许崩落、矿石及其下盘围岩稳固性均在中等以上的急倾斜厚矿体或缓倾斜极厚矿体。

5.2　卡车协同出矿有底柱分段崩落法

1. 提出背景

对于允许地表崩落，且下盘围岩中等稳固及以上的倾斜-急倾斜厚矿体或任意倾角极厚矿体，一般采用垂直深孔落矿有底柱分段崩落采矿法回采。该采矿方法具有开采强度大、生产安全可靠等优点；但由于使用电耙、溜井等出矿，在一定程度上存在底部结构复杂、采准切割工程量大、出矿效率低等缺点，造成采场落矿和出矿作业在时间和矿量上不能很好地匹配。

近年来，采矿作业环节简化与无轨运输是我国地下矿山采矿技术发展的趋势。这些思想对于传统采矿方法的革新具有较强的指导作用，如能将这些思想用于革新传统的垂直深孔落矿有底柱分段崩落法，将会有助于保证落矿和出矿作业在时间和矿量上的协同，提升矿山的生产效率。

2. 协同技术原理

在协同开采理念指导下，陈庆发等[2]提出了一种卡车协同出矿有底柱分段崩落法，其示意图如图 5-2 所示。

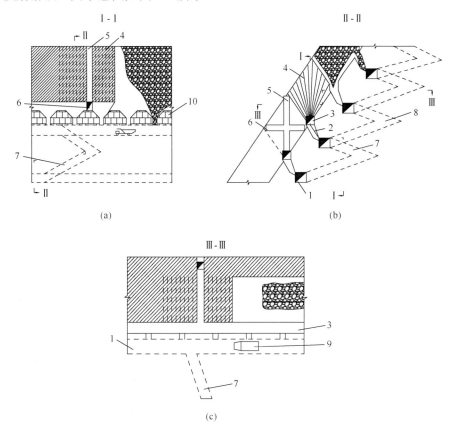

图 5-2　卡车协同出矿有底柱分段崩落法示意图
1-运输巷道；2-短溜井；3-凿岩巷道；4-炮孔；5-切割天井；6-切割平巷；
7-斜坡道；8-斜坡道弯；9-卡车；10-下盘围岩

卡车协同出矿有底柱分段崩落法充分挖掘有底柱分段崩落采矿法和无轨运输各自的技术优点，将原崩落采矿法的底部结构进行优化，取消了电耙转运环节；通过无轨设备运输高效的特点，实现了落矿和出矿作业时间和矿量上的协同，克服了传统垂直深孔落矿有底柱分段崩落采矿法出矿效率低的缺点，提高了生产效率。

3. 技术经济指标

卡车协同出矿有底柱分段崩落法的技术经济指标可基于有底柱分段崩落采矿法的技术经济指标进行估算。查阅现有的各有底柱分段崩落采矿法的技术经济指标，确定出卡车协同出矿有底柱分段崩落法的主要技术经济指标，见表 5-2。

表 5-2　卡车协同出矿有底柱分段崩落法的主要技术经济指标

指标名称	单位	数量
采场生产能力	t/d	150～200
掌子面工效	t	50～80
采场凿岩台班效率	t	150～200
采切比	m/kt	27～34
损失率	%	20～22
贫化率	%	10～15
炸药	kg/t	0.6～0.8
雷管	个/t	0.2～0.5
导爆索	m/t	0.5～1.1
直接成本	元/t	4～6

4. 具体实施工艺

将允许地表崩落、下盘围岩中等稳固以上的倾斜-急倾斜厚矿体或任意倾角极厚矿体划分为不同阶段，各阶段内沿矿体倾向划分分段，阶段高 50～60m，分段高 10～25m，分段底柱高 6～8m；回采前，在矿体下盘围岩中掘进规格为 4m×3m 的运输巷道，自下而上在分段底柱内掘进规格为 3m×2m 的短溜井和规格为 3m×3m 的凿岩巷道，并经凿岩巷道开掘规格为 2m×2m 的切割平巷和规格为 2m×2m 切割天井，将切割天井以中深孔爆破方式扩帮成切割槽，作为回采时的爆破自由面；回采时，在凿岩巷道内打垂直扇形中深孔，且最内侧炮孔与水平呈 55°～60°夹角，以便矿石自溜；采用微差挤压爆破从左到右或者从右到左依次崩矿，每次崩 8～10 排炮孔；出矿时，卡车由运输巷道左侧进入，停靠于放矿漏斗口正下方，卡车前后间隔 0.5～1.0m；装矿完毕后，由运输巷道右侧运出，经规格为 3m×3m 的斜坡道运送至地表。

5. 优缺点

1）优点

卡车协同出矿有底柱分段崩落法采用卡车运矿，利用斜坡道直接出矿，提高了机械化程度，改善了落矿和出矿作业时间和矿量上的协调性，克服了传统垂直深孔落矿有底柱分段崩落采矿法出矿效率低的缺点，提高了生产效率；减少了电耙巷道工程，简化了底部结构；减少了矿石转运作业环节。

2）缺点

卡车协同出矿有底柱分段崩落法卡车出矿巷道断面较大，对支护要求较高；采用斜坡道运输矿石，不利于深部开采；道路维护工作量较大；斜坡道掘进时需要有通风和出渣用的垂直井巷配合。

6. 适用条件

卡车协同出矿有底柱分段崩落法主要适用于地表允许崩落、下盘围岩中等稳固及以上的倾斜-急倾斜厚矿体或任意倾角极厚矿体。

5.3 立体分区大量崩矿采矿方法

1. 提出背景

金属矿山常用的地下采矿方法有阶段采矿方法、分段采矿方法、分层采矿方法及其变形方法或组合方法。这些采矿方法均在阶段内沿矿体划分矿块或盘区组织采矿作业；在矿块或盘区内按分层采场、分段采场或阶段采场进行切割、回采作业及地压管理作业，在采场内以单个炮孔或排面炮孔顺序爆破崩矿；一个矿块或盘区必须通过多次回采爆破与地压管理作业循环才能完成回采任务。因而，国内外现有的这些采矿方法一次回采爆破的崩矿量小、作业循环多、采场规模小、采场产能与崩矿效率低。

2. 协同技术原理

为克服常规现有采矿方法放矿时一次回采爆破的崩矿量小、作业循环多，采场规模小、采场产能与崩矿效率低等缺点，充分发挥分区回采、大量崩矿等方面的优势作用，周爱民[3]于 2011 年提出了一种立体分区大量崩矿采矿方法，其示意图如图 5-3 所示。

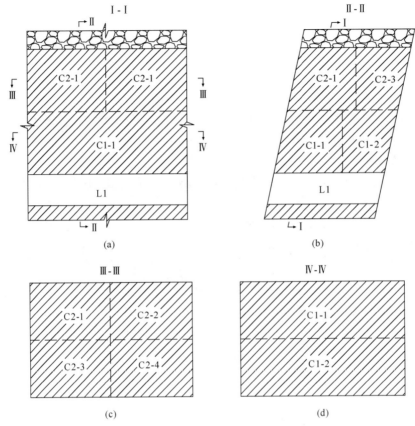

图 5-3　立体分区大量崩矿采矿方法示意图

C1-1、C1-2、C2-1、C2-2、C2-3、C2-4-回采分区；L1-拉底补偿空间

　　立体分区大量崩矿采矿方法从整体结构上看是将一个阶段矿块从立体三维角度划分为多个区域(采场)，并在每个区域设置补偿空间；各区域拉槽切割与装药同时进行，利用微差爆破方式，根据出矿要求将各区域协同集中爆破，实现单次大量崩矿，提高矿块生产效率。

3. 技术经济指标

　　立体分区大量崩矿采矿方法的技术经济指标可基于现有的采矿方法的技术经济指标进行估算。查阅现有的采矿方法的技术经济指标，确定出立体分区大量崩矿采矿方法的主要技术经济指标，见表 5-3。

表 5-3　立体分区大量崩矿采矿方法的主要技术经济指标

指标名称	单位	数量
采场生产能力	t/d	250～300
掌子面工效	t	70～90
采场凿岩台班效率	t	80
采切比	m/kt	10～15
损失率	%	7.4
贫化率	%	18～20
炸药	kg/t	0.62
雷管	个/t	0.84
导爆索	m/t	2
直接成本	元/t	1.6

4. 具体实施方式

对厚大矿体或急倾斜中厚矿体，在矿体垂直方向按 60～180m 划分阶段，在阶段内沿矿体走向按 60～120m 划分矿块；在矿块下部设置拉底补偿空间，在矿块上部的三维立体范围内划分 C1-1、C1-2、C2-1、C2-2、C2-3、C2-4 6 个回采分区；采用常规工艺方法形成拉底补偿空间，拉底出矿后形成的空间体积为回采分区总体积的 10%～18%。在每个回采分区内按常规方法进行拉槽切割，其切割体积与相应分区体积之比≤15%；在三维立体范围内的 C1-1、C1-2、C2-1、C2-2、C2-3、C2-4 6 个回采分区，通过一次爆破进行集中大量崩矿；各回采分区按 C1-1、C1-2、C2-1、C2-2、C2-3、C2-4 的起爆顺序实行区间微差起爆，其中 C2-1 与 C2-2、C2-3 与 C2-4 可以同时起爆或顺序微差起爆；在 C1-1、C1-2、C2-1、C2-2、C2-3、C2-4 各回采分区内采用常规中深孔或深孔落矿工艺方法，即大量崩矿区域各分区的起爆顺序为垂直方向由下至上区间微差起爆，垂直矿体走向方向由上盘至下盘区间微差或同时起爆，沿矿体走向方向可以任意顺序区间微差或同时起爆；各回采分区内的起爆顺序采用优先形成拉槽切割空间原则，一个回采分区内的炮孔起爆顺序与另一个回采分区内的炮孔起爆顺序互不关联；在三维立体范围内通过一次爆破完成崩矿，实现大规模、高效率大量落矿。

5. 优缺点

1）优点

立体分区大量崩矿采矿方法效率高、安全性好、成本较低、劳动条件较好。

2）缺点

立体分区大量崩矿采矿方法要求严格的爆破顺序，工艺比较复杂；在覆岩条件下放矿，矿石的损失率与贫化较大；由于大量崩矿补偿空间很大，不能形成挤压爆破，造成矿石大块率较大。

6. 适用条件

立体分区大量崩矿采矿方法主要适用于矿石和围岩中等稳固以上、矿石不结块不自燃、地表允许崩落且为生产或衔接的需要要求一次崩落较大范围的厚大矿体或急倾斜中厚矿体。

5.4 一种连续崩落采矿方法

1. 提出背景

大规模与高效采矿技术是大型地下矿山发展的方向，其工艺特征为阶段回采、采切合一、大直径深孔爆破、连续回采。阶段采矿方法适用于厚大矿床的开采，一般包括阶段矿房采矿法和大直径深孔阶段崩落采矿法。

阶段空场采矿法是将矿体划分为矿块，矿块再划分为矿房与矿柱，只回采矿房，矿柱作为维护采场顶板稳定性的支撑；其工艺过程是在矿房的上部布置凿岩硐室，大直径深孔从矿块上部开凿到矿块底部；在矿块底部形成拉底空间，并布置出矿巷道，在空场条件下出矿。该采矿方法出矿效率高，生产能力大；其采用的爆破落矿方式包括下向分层爆破落矿和侧向爆破落矿两种。下向分层爆破落矿一般采用大直径球形药包分层落矿，即 VCR 采矿方法；侧向爆破落矿则是在矿房一侧先形成切割槽，然后以切割槽为自由面，实现大直径深孔侧向爆破崩落矿石。这两种爆破落矿方式均需均匀布置炮孔，而炮孔孔间距一般在 3m 左右，矿块上部的凿岩硐室暴露面积较大，顶板较难维护；大直径球形药包分层落矿一次落矿高度在 3m 左右，需采用高密度、高爆速、高能量的炸药，爆破成本较高；侧向爆破落矿需在矿房一侧先形成切割槽，形成高大切割槽的效率一般很低，增加了采矿作业的成本和难度；另外，采用空场采矿法，大量的矿柱不能回收，矿石损失较大；开采后存留有大量空区，若处理不当，将形成极大的安全隐患。

大直径深孔阶段崩落采矿法先将矿体划分为矿块，并在矿块上部布置凿岩硐室，接着自上而下钻凿连通矿块底部的大直径深孔；然后在矿块底部布置出矿巷道，采切工程完成；以连续后退的方式进行回采作业，钻凿阶段炮孔，以相邻崩落的松散矿岩为对象进行挤压爆破，同时崩落凿岩硐室的顶板，每次待爆破完毕，在覆盖矿岩下于矿块底部松动放矿。使用该采矿方法回采时，通过崩落顶板来管理采场地压，不需要考虑后期采空区的处理问题，且不留矿柱，矿石回采率高；深孔阶段爆破，单步骤连续回采，生产效率高；不足的是，该采矿方法对炮孔、崩矿步距及爆破参数要求较高，给施工造成了一定困难；此外，覆岩下放矿，存在一定的损失贫化。

2. 协同技术原理

为了克服阶段空场采矿法和大直径深孔阶段崩落采矿法在回采厚大矿体时，顶板维护困难、生产效率低、爆破效果不够理想等缺点，充分发挥阶段空场采矿法和深孔爆破落矿的优势，陈何等[4]于 2011 年提出了一种连续崩落采矿方法，其示意图如图 5-4 所示。

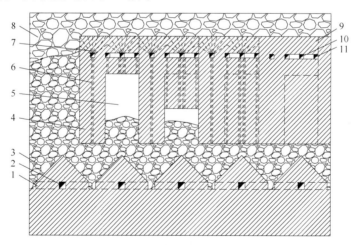

图 5-4　一种连续崩落采矿方法示意图

1-运输巷道；2-出矿巷道；3-矿石；4-间柱；5-矿房；6-集中孔；7-密集中深孔；
8-覆盖岩石；9-顶柱；10-凿岩硐室；11-凿岩巷

连续崩落采矿方法充分挖掘了阶段矿房采矿法和阶段崩落采矿法各自的

核心技术优点，将阶段矿房采矿法安全高效的优点与阶段崩落采矿法地压管理特点综合协同运用，实现了崩矿、出矿、采空区处理多工序的高度协同，弥补了阶段矿房采矿法矿石损失贫化大和阶段崩落采矿法出矿工序滞后的缺点，提高了矿山生产效率。

3. 技术经济指标

该连续崩落采矿方法的技术经济指标可基于阶段空场采矿法与深孔垂直落矿阶段强制崩落采矿法的技术经济指标进行估算。查阅现有的各阶段空场采矿法和阶段崩落采矿法的技术经济指标，确定出该连续崩落采矿方法的主要技术经济指标，见表 5-4。

表 5-4   该连续崩落采矿方法的主要技术经济指标

指标名称	单位	数量
采场生产能力	t/d	800～2000
掌子面工效	t	90～150
采场凿岩台班效率	t	80～120
采切比	m/kt	4～6
损失率	%	3～8
贫化率	%	6～8
炸药	kg/t	0.2～0.4
雷管	个/t	0.3～0.5
导爆索	m/t	1.7
直接成本	元/t	2～5

4. 具体实施方式

将矿体划分为矿块，矿块划分为矿房和矿柱，矿柱包括间柱和顶柱，矿块长 40～60m、宽 24～30m，矿房宽 12～15m、长 28～45m，矿柱宽 12～15m，顶柱厚度为 10～15m；在矿块上部布置凿岩硐室，大直径深孔从矿块上部开凿到矿块底部，在矿块底部布置出矿巷道；矿块内先回采矿房，然后采用崩落采矿法回采矿柱，每个矿块的回采都以阶段落矿方式连续完成；矿房底部形成拉底空间和出矿结构，矿房采用大直径集束深孔下分层落矿，后退式回采，空场条件下出矿；矿房回采完后，即形成后续矿柱崩落的补偿空间；间柱采用集束大孔侧向爆破，顶柱采用密集中深孔爆破，间柱与顶柱作为整体协同崩落。

5. 优缺点

1) 优点

该连续崩落采矿方法既具有空场采矿法的高效率、高强度、低成本的特点，又具有崩落采矿法所没有的矿柱回采和采空区处理后续作业；阶段深孔凿岩、矿房采场集束、大孔高分层大量落矿、集束大孔侧向崩落、出矿运输、顶板崩落等工序在不同空间和时间上形成平行连续的协同过程，实现了大步距高效安全的连续后退式回采；回采矿柱的同时崩落顶板，增大了矿石回采率，崩落顶板的同时覆岩下沉充填采空区，管理地压，以保证采场安全。

2) 缺点

该连续崩落采矿方法崩落矿柱和顶板覆岩后放矿，存在一定的矿石损失贫化；对炮孔钻凿工艺要求较高。

6. 适用条件

该连续崩落采矿方法主要适用于矿石与围岩均为中等稳固的厚和极厚矿体。

参 考 文 献

[1] 陈庆发, 胡华瑞, 陈青林, 等. 柔性隔离层充当假顶的分段崩落协同采矿方法: 中国, 201610577993.8[P]. 2016-07-21.

[2] 陈庆发, 胡华瑞, 陈青林. 卡车协同出矿有底柱分段崩落法: 中国, 201710154314.0[P]. 2017-03-15.

[3] 周爱民. 立体分区大量崩矿采矿方法: 中国, 201110256519.2[P]. 2011-09-01.

[4] 陈何, 孙忠铭, 王湖鑫, 等. 一种连续崩落采矿方法: 中国, 201110109103.8[P]. 2011-04-29.

第6章 充填类协同采矿方法

6.1 大量放矿同步充填无顶柱留矿采矿法

1. 提出背景

留矿采矿法是空场采矿法的一种，它的特点是工人直接在矿房暴露面下的留矿堆上进行作业，自下而上分层回采，分层高度 2~3m，每次采下的矿石靠自重放出 1/3 左右，其余矿石暂留在矿房中作为继续上采的工作台，并支护两帮围岩；待矿房全部回采完后，将存留在矿房中的矿石全部放出。该采矿方法主要适用于矿石稳固和围岩中等稳固、矿石不结块不自燃的急倾斜薄至中厚矿体。该方法具有采场结构和回采工艺简单、采准切割工程量小、可利用矿石自重放矿、管理方便、生产技术易于掌握等优点，在我国金属矿山特别是中小矿山急倾斜矿体开采中得到广泛应用。

当围岩不稳固时，留矿不能防止围岩片落，一般不采用留矿采矿法。当围岩中等稳固时采用留矿采矿法，在大量放矿时由于围岩暴露面逐渐增加超过了极限暴露面积，往往引起围岩大量片落，崩落大块岩石，发生大范围岩移，不但造成矿石贫化、漏斗堵塞，而且还有可能造成地表沉陷，破坏地表生态环境。

当围岩中等稳固以上、矿石稳固时采用留矿采矿法，分层向上回采时和局部放矿时有限的暴露面积下没有发生围岩片落和大范围岩移现象；而大量放矿时，由于围岩暴露面逐渐增加超过了极限暴露面积，往往引起围岩大量片落与围岩大范围岩移现象，不但造成矿石贫化、漏斗堵塞，而且还有可能造成地表沉陷，破坏地表生态环境。

上述两种现象使得人们有理由认为有限的采空区暴露面积与暂留矿石的共同作用有利于支撑两帮围岩，这为组合式采矿方法的发明创造提供了思想启发。

2. 协同技术原理

为克服常规留矿采矿法在大量放矿时随着围岩暴露面积的增加带来的围

岩大量片落和大范围移动、矿石贫化、漏斗堵塞等缺点，充分发挥充填料在支撑两帮、控制岩移等方面的优势作用，基于无废开采、协同开采等理念的指导，通过吸收充填采矿技术优势，对浅孔留矿法采矿工艺进行二次创新，陈庆发和吴仲雄[1]于 2010 年提出了一种大量放矿同步充填无顶柱留矿采矿法，其示意图如图 6-1 所示。

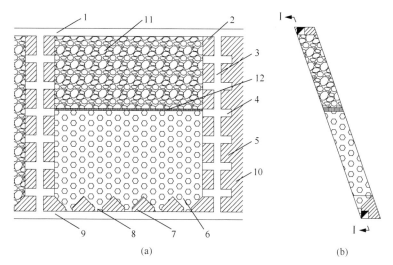

图 6-1　大量放矿同步充填无顶柱留矿采矿法示意图

1-回风巷道；2-顶柱；3-人行天井；4-联络道；5-间柱；6-存留矿石；7-底柱；8-漏斗；
9-阶段运输巷道；10-未采矿石；11-充填料；12-隔离层

　　大量放矿同步充填无顶柱留矿采矿法在采场结构方面不留顶柱；在采场回采工作方面，在大量放矿的同时同步进行充填，充分发挥同步充填的废石或戈壁集料等物料(充填料)在支撑两帮围岩与控制岩移方面的作用，减少采空区暴露体积，有效控制了地压；废石和矿石通过柔性隔离层隔开，避免废石混入矿石，且废石和矿石同步下沉，回采工作协同有序。

3. 技术经济指标

　　大量放矿同步充填无顶柱留矿采矿法的技术经济指标可基于充填采矿法与浅孔留矿采矿法的技术经济指标进行估算。查阅现有的各浅孔留矿采矿法与充填采矿法的技术经济指标，确定出大量放矿同步充填无顶柱留矿采矿法的主要技术经济指标，见表 6-1。

表 6-1 大量放矿同步充填无顶柱留矿采矿法的主要技术经济指标

指标名称	单位	数量
采场生产能力	t/d	50～60
掌子面工效	t	12.5
采场凿岩台班效率	t	60
采切比	m/kt	12～16
损失率	%	6.1
贫化率	%	12～14
炸药	kg/t	0.6
雷管	个/t	0.84
导爆索	m/t	2
直接成本	元/t	3.5

4. 具体实施方式

先将围岩中等稳固以上的急倾斜薄至中厚矿体划分为不同阶段，各阶段内划分矿块；在间柱内掘进规格为 2.0m×2.0m 的人行天井，将下部的阶段运输巷道与上部的回风巷道连通；在间柱内向采场掘进规格为 2.0m×1.5m 的联络道；在矿房内开凿规格为 2.0m×2.0m 的拉底巷道，以拉底巷道为自由面刷帮形成拉底空间；拉底空间向下辟形成漏斗，漏斗口安装振动放矿机；矿房内矿石连同顶柱一起由下而上按 2～3m 的分层高度逐层向上回采，不留顶柱，同时进行通风、局部放矿、撬顶平场等作业循环；在留矿堆上表面铺设自下而上由杂草、麻袋片和防渗土工布等组成的复合隔离层，用矿车和电机车输送块度为 150～200mm 的由废石或戈壁集料等组成的干式充填料至采场，由人工或者电耙的方式对干式充填料进行平场作业；借助振动放矿机配合重力放矿，保持矿石溜出率和充填料下放率协调一致，使矿房内充填料与矿石同步均匀下沉，通过调控矿石溜出率和充填料下放率，严格控制围岩暴露面积，避免围岩大规模移动和地表沉陷，降低了矿石贫化损失，直至矿石全部放出。

5. 优缺点

1) 优点

大量放矿同步充填无顶柱留矿采矿法对传统浅孔留矿采矿法进行了改

进，使大量放矿与充填同步进行，防止了围岩大面积冒落后混入采场矿石，有力地控制了矿石贫化，有效地提高了矿石回采率，实现了对地表大规模沉陷的有效控制；同时，有利于矿山废料排放促进矿区绿色开发；通过发挥充填体对围岩的支撑作用，拓展了留矿采矿法的应用范围，借助振动放矿机配合重力放矿，保持矿石溜出率和充填料下放率协调一致，严格控制了围岩暴露面积，避免了围岩大规模移动和地表沉陷，降低了矿石贫化损失；由于不留顶柱，提高了矿石回采率；工艺简单、便于工人掌握。

2) 缺点

大量放矿同步充填无顶柱留矿采矿法要求散体废石与矿石同步下沉，给放矿管理工作带来了难度；柔性隔离层存在采场中，造成了一定的材料损失。

6. 适用条件

大量放矿同步充填无顶柱留矿采矿法主要适用于矿石稳固和围岩中等稳固、矿石不结块不自燃、围岩不允许大规模移动、地表不允许沉陷的急倾斜薄至中厚矿体。

6.2　垂直孔与水平孔协同回采的机械化分段充填采矿法

1. 提出背景

随着采矿技术与机械设备的不断改进与发展，分层充填采矿法在开采厚大矿体时生产效率低、开采成本高、两率(贫化率与损失率)指标高等缺点逐渐暴露，充填采矿法日益演变出分段充填采矿法与阶段充填采矿法，由于阶段充填采矿法对矿体赋存条件的要求较为严格，分段充填采矿法为更多的矿山所采纳。

传统分段采矿法按照矿块的垂直方向，将其划分为若干分段，在每个分段水平上布置矿房和矿柱，各分段采下的矿石分别从各分段的出矿巷道运出，分段矿房回采结束后，立即回采本分段矿柱并同时处理采空区。分段充填采矿法在回采过程中存在顶板安全性问题，传统分段充填采矿法通常采用预控顶的方式，而该方法工艺复杂，成本较高，且爆破震动容易对支护造成破坏。

2. 协同技术原理

为克服传统分段充填采矿法在开采厚大矿体时生产效率低、开采成本高、两率指标高及在回采过程中采用预控顶的方式控制顶板安全性的问题时方法工艺复杂、成本较高且爆破震动容易对支护造成破坏等缺点，李启月等[2]于2014年对分段充填采矿法进行了二次创新，提出了一种垂直孔与水平孔协同回采的机械化分段充填采矿法，其示意图如图6-2所示。

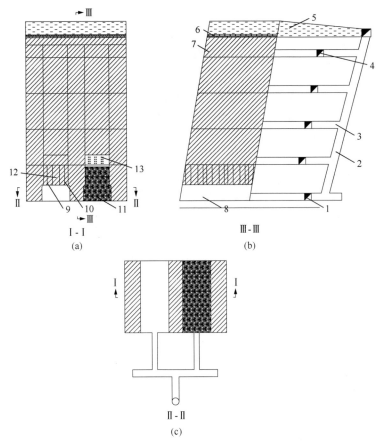

图 6-2　垂直孔与水平孔协同回采的机械化分段充填采矿法示意图

1-阶段运输平巷；2-溜井；3-联络道；4-分段巷道；5-胶结充填体；6-人工假底；7-顶柱
8-拉底空间；9-垂直落矿孔；10-垂直预裂孔；11-崩落矿石；12-垂直孔回采区域；13-水平孔回采区域

　　垂直孔与水平孔协同回采的机械化分段充填采矿法基于传统分段充填采矿法采场回采工作的缺陷，对落矿方式进行了二次创新，在炮孔布设方式上进行了革新，通过垂直孔与水平孔协同落矿，简化了顶板控制技术，降低了爆破震动对支护结构造成的累积损伤，促进了落矿能力，提高了生产效率。

3. 技术经济指标

垂直孔与水平孔协同回采的机械化分段充填采矿法的技术经济指标可基于充填采矿法的技术经济指标进行估算。查阅现有的各充填采矿法的技术经济指标，确定出垂直孔与水平孔协同回采的机械化分段充填采矿法的主要技术经济指标，见表 6-2。

表 6-2　垂直孔与水平孔协同回采的机械化分段充填采矿法的主要技术经济指标

指标名称	单位	数量
采场生产能力	t/d	300～360
掌子面工效	t	14.8
采场凿岩台班效率	t	60
采切比	m/kt	11～13
损失率	%	6.3
贫化率	%	10～12
炸药	kg/t	0.48
雷管	个/t	0.25
导爆索	m/t	0.3
直接成本	元/t	2.4

4. 具体实施方式

按垂直矿体走向划分矿房和矿柱，矿房宽 8m，矿柱宽 7m，8～10 个矿房和矿柱作为一个盘区；盘区内分两步回采，先采矿房，再采矿柱，二步回采时采场两帮均为胶结充填体；沿高度方向划分中段，中段内再划分分段，中段高度为 50m，分段高度为 10.5m，分段内均自下而上进行回采；平行矿体下盘边界布置分段巷道，各分段巷道分别通过联络道与主斜坡道贯通，采场通过采场联络巷与分段巷道相通，阶段运输平巷通过溜井与分段巷道连通，从而构成脉外无轨采准系统在第一分段底部掘进规格为 3.5m×3.5m 的切割巷，再将切割巷扩帮至 8.8m，并向上回采 1.5m 厚矿体，使得控顶高度为 5m；在矿房底部浇筑人工假底，从而形成拉底空间，以此作为本分段垂直孔区域的凿岩空间；采场内形成拉底空间后，向上钻凿垂直孔，一次将 7m 高矿石崩落，并采用预裂爆破的方式控制整个回采单元的两帮轮廓；然后从上分段进入采场并于矿堆上采用水平浅孔压采 3.5m 高矿体，控制爆破使得顶板形成 1/4 三心拱，从而实现垂直孔超前预裂以控制水平孔压采两帮轮廓；爆破通风后，在矿堆上采用锚杆进行护顶，局部破碎地段采用锚杆+金属网+喷浆联合支护；采用普通铲运机与遥控铲运机协同大量出矿；分段出矿后立即进行一次胶结充填，并为上分段垂直孔回采预留一定高度的凿岩空间；如此循环，直至整个采场一步回采完毕。

5. 优缺点

1）优点

垂直孔与水平孔协同回采的机械化分段充填采矿法克服了传统分段充填采矿法在开采厚大矿体时生产效率低、开采成本高、两率指标高的缺点，实现了对地表大规模沉陷的有效控制；同时，有利于矿山废料排放，促进矿区绿色开发；解决了在回采过程中采用预控顶的方式控制顶板安全性问题时方法工艺复杂、成本较高且爆破震动容易对支护造成破坏的缺点；机械化程度高，提高了矿石回采率。

2）缺点

垂直孔与水平孔协同回采的机械化分段充填采矿法垂直孔与水平孔协同回采时由于废石混入，放矿过程中矿石的贫化损失严重；围岩的稳固性不够时，矿石的损失率和贫化率增大。

6. 适用条件

垂直孔与水平孔协同回采的机械化分段充填采矿法主要适用于矿岩中等稳固以上、矿石不结块不自燃、围岩不允许大规模移动、倾斜或缓倾斜厚大矿体、急倾斜中厚矿体。

6.3　分条间柱全空场开采嗣后充填协同采矿法

1. 提出背景

对于上盘为不稳固围岩或者是充填体的缓倾斜中厚矿体，传统的回采方式是实施两个步骤回采：第一个步骤是布置大量顶柱保障矿房回采；第二个步骤是回收间柱和顶柱。但是在第二个步骤回收间柱和顶柱时，作业条件复杂，施工人员的安全难以保障，易造成部分矿产资源无法回收。如果不留顶柱进行回采作业，则回采作业过程中施工人员的安全无法保障。

采用充填采矿法解决上述安全问题优势较为突出。充填采矿法的矿房、间柱组合方式较多，在回采阶段上的布置大致有两类，一类是不留间柱或只留少量永久性间柱的一次性连续回采；另一类是将阶段矿体分为矿房和间柱的多步骤组合回采。当矿体厚度超过某一界限或矿体水平面积较大时，为保证回采安全，一般采用矿房和间柱的组合形式回采，其组合形式主要有 4 种：①一房一柱的组合(通常称为"二采一")，即矿房和间柱在阶段上间隔布置，先采矿房，待一个阶段或两个阶段的矿房回采基本结束后，再回采间柱；②二房一柱的组合，即在整个阶段按房、房、柱布置，两个矿房先后回采，矿房回采结束后，再回采间柱；③一房三柱的组合(通常称为"四采一")，即矿房和间柱在阶段上按房、柱、柱、柱布置，每个矿房或间柱回采都有 3 个间柱(包括工人间柱)支撑顶板压力，作业安全性好，一般仅在只能划分小尺寸矿块时采用；④一房多柱的组合，即矿房和间柱呈房、柱间隔成行布置，而又呈房、柱组合，使一房为多柱支撑，达到多柱支撑的目的。

2. 协同技术原理

为解决常规空场采矿法在矿房回采结束后，采空区暴露面积过大，或者暴露时间过长引起的围岩片落和大范围移动、矿石贫化等问题，充分发挥充填体在支撑两帮、控制岩移等方面的优势作用，吸收并放大充填采矿技术优势，对充填采矿法结构及回采方式等进行二次创新，胡建华等[3]于 2013 年提出了分条间柱全空场开采嗣后充填协同采矿法，其示意图如图 6-3 所示。

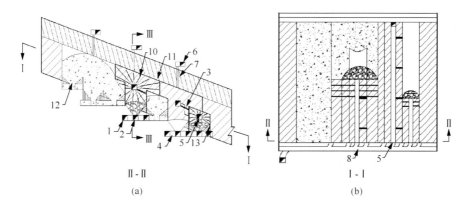

(a)　　　　　　　　　　　　　　(b)

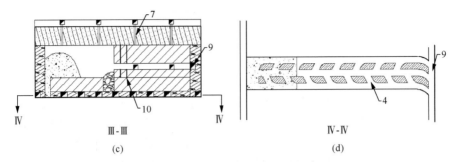

图 6-3　分条间柱全空场开采嗣后充填协同采矿法示意图

1-出矿巷道；2-拉底巷道；3-充填巷道；4-出矿川；5-凿岩巷道；6-充填巷道；7-充填钻孔；
8-盘区运输巷道；9-采场联络道；10-炮孔；11-充填体；12-充填体；13-V 形堑沟不稳固矿岩

　　分条间柱全空场开采嗣后充填协同采矿法在充填采矿法采场结构型式与采场回采工作两方面均做了革新，充分发挥了充填采矿法的优势，主间柱凿岩巷道作次间柱充填巷道，促进了采场结构与地压管理的协同，降低了生产投资，增强了采矿工艺的优势，主、次间柱间隔回采与充填体协同提供支撑作用，有效地保障了回采作业的安全性。

3. 技术经济指标

　　分条间柱全空场开采嗣后充填协同采矿法的技术经济指标可基于充填采矿法的技术经济指标进行估算。通过查阅现有的各充填采矿法的技术经济指标，综合确定出分条间柱全空场开采嗣后充填协同采矿法的主要技术经济指标，见表 6-3。

表 6-3　分条间柱全空场开采嗣后充填协同采矿法的主要技术经济指标

指标名称	单位	数量
采场生产能力	t/d	200～300
掌子面工效	t	50～70
采场凿岩台班效率	t	60
采切比	m/kt	3
损失率	%	1～5
贫化率	%	15～19
炸药	kg/t	0.3
雷管	个/t	0.32
导爆索	m/t	0.56
直接成本	元/t	2.5

4. 具体实施方式

以盘区巷道将矿体沿走向划分为不同盘区，盘区宽 80m，盘区柱宽 12m；在盘区内倾向布置采场，采场长 80m、宽 12m、高度为矿体全厚；顶板预留 8~10m 的矿体作为次间柱回采的临时保护层；下盘围岩中布置采场底部出矿结构，包括 V 形堑沟，出矿巷道和出矿川。采场的回采方案采取隔一采一后退式回采方式，先回采次间柱，全空场回采完成后，利用主间柱内凿岩巷道的充填系统对次间柱采空区进行一次性充填；次间柱回采充填完毕后，主间柱与顶板临时保护层矿体一起回收，并跟随式充填，控制主间柱回采的极限暴露面积。次间柱回采工艺：在采场端部，布置规格为 3m×3m 的切割井，沿采场宽度方向拉槽，形成自由面；在次间柱中央布置规格为 3m×3m 的凿岩巷道，在凿岩巷道内钻凿 360°环形炮孔；采场底部布置出矿结构，在出矿巷道两侧桃形矿柱内布置两条出矿巷道，交错向出矿巷道掘进出矿川，最终形成采场底部结构工程，采场间利用联络道进行连通，铲运机在底部进行安全高效出矿。次间柱采空区的充填工艺：在主间柱的凿岩巷道内，沿巷道轴线方向，每隔 20m 布置一条充填钻孔，充填钻孔内铺设充填管道；充填工作在次间柱全部回采后进行，在预计充填接顶时利用加压装置实施加压充填，构筑高强度的不完全接顶的采空区处理，主间柱凿岩巷道实现了充填和凿岩空间工程的双重作用协同。主间柱回采工艺：在主间柱的凿岩巷道内，钻凿直达临时保护层矿体的 360°环形炮孔，对顶部临时保护层矿体的外延控制为左右各 6m；随着主间柱的回采，回采长度达到 30m 时，利用上部稳定区围岩体内布置的充填巷道和充填钻孔对采空区进行及时跟随式的连续充填，从而控制了主间柱的极限暴露面积，保障了主间柱大参数开采的安全。

5. 优缺点

1）优点

分条间柱全空场开采嗣后充填协同采矿法采用隔一采一后退式回采方式，先采次间柱，主间柱提供安全支撑作用；次间柱回采充填完毕后，又为主间柱的回采提供安全支撑，保障了回采作业的安全性，是回采作业与安全控制的协同；主间柱的凿岩巷道作为次间柱的充填巷道，对次间柱回采后的采空区进行充填，工程结构协同度高；主、次间柱间隔回采，主、次间柱及充填体互相提供安全支撑，保障回采的安全性，生产与安全的协同度高；主间柱的回采作业推进到一定长度，随回采作业即可开始对采空区进行充填，充填与回采相互不影响，回采与充填作业工艺协同度高；在矿段中先回采次间柱的矿石，充填完毕后，主间柱与顶部矿石采用全断面一次性回采，最大限度地回采矿石，提高了矿产资源的回采率。

2) 缺点

分条间柱全空场开采嗣后充填协同采矿法准备矿量较多，可能导致基建投资大；回采时，贫化率较大。

6. 适用条件

分条间柱全空场开采嗣后充填协同采矿法适用于矿体上部为不稳固围岩或充填体的缓倾斜中厚矿体的开采。

6.4　组合再造结构体中深孔落矿协同锚索支护嗣后充填采矿法

1. 提出背景

对于顶底板、上下盘围岩破碎不稳固的高品位倾斜中厚矿体，一般采用上向或下向分层充填采矿法进行回采，逐层回采时需要采用锚杆、锚网等支护措施，工序复杂，且工作人员一般都是在暴露面下或崩落岩层下进行作业，其生产安全性较差，存在的突出问题还有采切工程量大，采矿成本高；分层开采工作效率低下，难以实现规模化开采；上下盘围岩支护作业落后于爆破落矿作业，矿石贫化损失高，带来很大的经济损失。因此，顶底板、上下盘围岩破碎成为限制该类矿体安全、高效、低成本、规模化开采的瓶颈。

2. 协同技术原理

为了解决上述技术问题，基于环境再造技术及协同开采理念，邓红卫等[4]于 2013 年提出了组合再造结构体中深孔落矿协同锚索支护嗣后充填采矿法，其示意图如图 6-4 所示。扇形中深孔布置如图 6-5 所示。

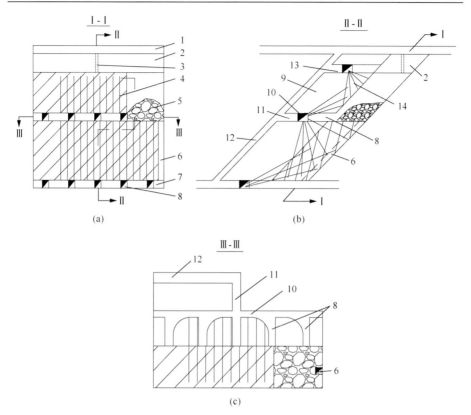

图 6-4　组合再造结构体下中深孔落矿协同锚索支护嗣后充填采矿方法示意图

1-沿脉运输巷道；2-人工假顶；3-充填井；4-锚索及中深孔；5-崩落矿石；6-切割井；

7-中段运输巷道；8-出矿进路；9-上盘围岩；10-凿岩、支护、出矿巷道；

11-分段联络道；12-上山进路；13-切顶进路；14-扇形中深孔

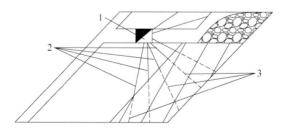

图 6-5　扇形中深孔布置

1-凿岩、支护、出矿巷道；2-中深孔注浆(锚索)支护段；3-中深孔爆破落矿段

　　组合再造结构体中深孔落矿协同锚索支护嗣后充填采矿法充分挖掘分段矿房采矿法与采矿环境再造思想各自的技术优点；通过改进采准工程布置形式，采用中深孔长锚索支护构建再造结构体，从而实现采矿环境再造，显著改善回采工作安全性，并大幅提高了生产能力；此外，组合再造结构体中深孔落矿协同锚索支护嗣后充填采矿法注重发挥各作业工艺之间的协同，工程布置与作业工艺一体化，工程利用率高。

3. 技术经济指标

　　组合再造结构体中深孔落矿协同锚索支护嗣后充填采矿法的技术经济指标需考虑自身的技术特点及工艺衔接方面的影响。通过查阅相关工艺矿山的技术经济指标，确定出组合再造结构体中深孔落矿协同锚索支护嗣后充填采矿法的主要技术经济指标，见表 6-4。

表 6-4　组合再造结构体中深孔落矿协同锚索支护嗣后充填采矿法的主要技术经济指标

指标名称	单位	数量
采场生产能力	t/d	200~400
掌子面工效	t	10~15
采场凿岩台班效率	t	100~150
采切比	m/kt	10~15
损失率	%	5~10
贫化率	%	15~20
炸药	kg/t	0.3~0.5
雷管	个/t	0.4~0.6
导爆索	m/t	3~5
直接成本	元/t	3.5~5.0

4. 具体实施方式

　　将矿岩不稳固的高品位倾斜中厚矿体划分为不同阶段，各阶段内划分为两个分段，阶段划分采场时，将上下中段采场交错布置；在矿体下盘钻凿规格为 2m×2m 的切割井，并以切割井为爆破自由面形成切割槽，作为后续大规模回采工作的爆破自由面；在矿体上盘围岩中掘进规格为 2m×2m 的上山进路，与规格为 4m×3m 的沿脉运输巷道相连通，构成采区运输系统；在中段顶板掘进切顶进路到达矿体，切顶工作完毕后构筑人工假顶，并在顶板中预留规格为 2m×2.5m 的充填井；在上盘围岩中掘进规格为 3m×2m 的分段联络道，连通上山进路到达矿体；通过分段联络道在上盘围岩沿矿体走向掘进规格为 3.5m×3.5m 的凿岩、支护、出矿巷道；凿岩设备在凿岩、支护、出矿巷道内钻凿扇形中深孔；通过扇形中深孔依次进行装药、连线、爆破、注浆(锚索支护)等作业，崩落的矿石采用平底结构由铲运机集中出矿；各分段的矿石依此经出矿进路、分段联络道、上山进路运至中段运输巷道，再由矿山运输系统运出地表；采场回采完毕后立即充填采空区，充填作业采用移动式泵送充填系统经过水平沿脉巷道将充填料充入采空区；依据采空区形态和围岩稳固性的实际情况，决定充填高度和充填体积，采空区均为不完全接顶充填；采场进行充填前，预先砌筑充填挡墙，并预埋聚氯乙烯(PVC)排水管，将积水排至各中段水仓。

5. 优缺点

1)优点

组合再造结构体下中深孔落矿协同锚索支护嗣后充填采矿法通过矿体上盘围岩的中深孔长锚索支护与矿房顶部切顶后废石胶结充填构筑的人工假顶的协同支护作用，实现采矿环境再造，有效地解决了矿岩稳固性差对回采工作带来的不利影响，使回采工作安全可靠，并大幅提高了生产能力；凿岩巷道与中深孔多功能一体化，工程利用率高；充分利用中深孔协同注浆、长锚索安装、爆破落矿工作，充分利用凿岩、支护、出矿巷道，实现凿岩、打孔、支护、出矿工作间的有序结合；该方案不留矿柱，大大减少了开采损失率。

2)缺点

组合再造结构体中深孔落矿协同锚索支护嗣后充填采矿法的切割工程与矿房切顶工作是在不稳固的矿岩下进行的，因此施工环境差，支护工作要求高；凿岩巷道位于矿体上盘围岩中，施工的中深孔由上盘围岩掘进矿体内，因此凿岩工作量大，并且对凿岩技术要求高；另外，对矿体上盘边界控制困难，对中深孔岩心分析工作量大；工作面通风困难；采场内下分段上部矿石凿岩困难。

6. 适用条件

组合再造结构体中深孔落矿协同锚索支护嗣后充填采矿法主要适用于矿岩均不稳固的高品位倾斜中厚矿体。

6.5 底部结构下卡车直接出矿后期放矿充填同步水平深孔留矿法

1. 提出背景

留矿采矿法属于空场采矿法的范畴，一般指浅孔留矿采矿法，但深孔留矿采矿法作为留矿采矿法的一个分支，不宜忽略。深孔留矿采矿法在矿块结构与回采工艺上，与阶段矿房采矿法基本相同。在利用深孔留矿采矿法回采矿石时，主要掘进工程与浅孔留矿采矿法相似，由于工人不在采场中作业，对放矿无严格要求，一般根据出矿量的要求来确定；在使用深孔落矿的条件下，不可能利用矿房中暂留的矿石支撑两帮围岩。矿山生产实践中，深孔留矿采矿法实质上已归属于阶段矿房采矿法。

阶段矿房采矿法是用深孔回采矿房的空场采矿法，根据落矿方式不同，分为水平深孔阶段矿房采矿法和垂直深孔阶段矿房采矿法。水平深孔阶段矿房采矿法相比垂直深孔阶段矿房采矿法采准工程量少；水平深孔崩矿时，自下而上分层进行深孔爆破，分层厚度一般取 3～5m，矿房可分 3～4 次崩完，每次同时爆破的分层数量不等，最后一次崩矿时，兼收顶柱。该采矿方法主要适用于矿岩稳固的厚和极厚倾斜矿体，急倾斜平行极薄矿脉组成的细脉带也可使用该方法。该方法具有回采强度大、劳动生产率高、采矿成本低、坑木消耗少、回采作业安全等优点；但也存在一些严重的缺点，如矿柱矿量比重大，回采矿柱的贫化损失大，崩矿时对底部结构具有一定的破坏性。

2. 协同技术原理

基于对协同开采理念的理解，结合同步充填的优点，陈庆发等[5]于 2016年提出了一种底部结构下卡车直接出矿后期放矿充填同步水平深孔留矿法，其示意图如图 6-6 所示。

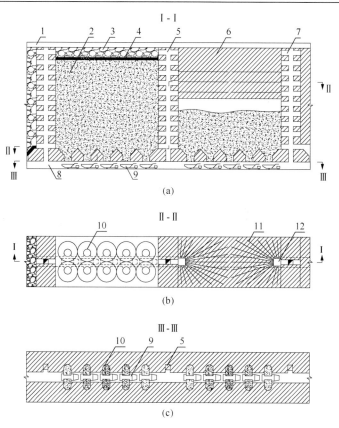

图 6-6 底部结构下卡车直接出矿后期放矿充填同步的水平深孔留矿法示意图

1-回风巷道；2-矿石；3-充填废石；4-柔性隔离层；5-凿岩天井；6-待采矿石；7-凿岩联络巷；
8-运输巷道；9-卡车；10-放矿漏斗；11-炮孔；12-凿岩硐室

底部结构下卡车直接出矿后期放矿充填同步水平深孔留矿法是将阶段矿房采矿法与同步充填思想及无轨运输技术措施进行有机融合，通过优化矿块结构与工艺环节，显著提高矿房回收率；此外底部结构下卡车直接出矿后期放矿充填同步水平深孔留矿法实现了回采作业与采空区处理的协同；在有效消除采空区隐患的同时，提高了矿山生产效率。

3. 技术经济指标

底部结构下卡车直接出矿后期放矿充填同步水平深孔留矿法的技术经济指标可基于浅孔留矿采矿法与阶段矿房采矿法的技术经济指标进行估算。通过查阅现有的各浅孔留矿采矿法与阶段矿房采矿法的技术经济指标，确定出底部结构下卡车直接出矿后期放矿充填同步水平深孔留矿法的主要技术经济指标，见表 6-5。

表 6-5　底部结构下卡车直接出矿后期放矿充填同步水平深孔留矿法的主要技术经济指标

指标名称	单位	数量
采场生产能力	t/d	250～350
掌子面工效	t	60～80
采场凿岩台班效率	t	230～280
采切比	m/kt	5.6
损失率	%	6
贫化率	%	8～10
炸药	kg/t	0.29
雷管	个/t	0.01
导爆索	m/t	0.045
直接成本	元/t	2.5

4. 具体实施方式

将缓倾斜极厚矿体或急倾斜中厚至厚大矿体划分为不同阶段，各阶段内沿矿体走向划分为矿块，作为基本的回采单元；在矿块底部正中掘进规格为 4m×3m 的运输巷道，自运输巷道向上掘进规格为 2m×2m 的凿岩天井连通上部回风巷道；根据天井垂向炮孔排距掘进规格为 2m×2m 的凿岩联络巷连接矿房，并将其端部扩帮至规格为 3m×3m 的凿岩硐室；沿底部运输巷道两侧掘进直径为 3m 的放矿漏斗通达矿房，随后打扇形水平深孔，以微差爆破的方式自下而上逐层崩落矿石；出矿时，卡车由运输巷道左边进入，车厢中部位于放矿漏斗口下，两车前后间隔 1m；待局部出矿至合适空间，继续爆破崩矿，平整矿堆并铺设水平柔性隔离层，于其上方充入充填废石；大量放矿时，利用放矿机放矿至卡车，装载完毕，从运输巷道右侧开出运至地表；出矿时在柔性隔离层上方用废石充填，维持放矿与充填相协调，保证柔性隔离层整体呈水平匀速竖直下降，待放矿完毕，柔性隔离层下降至矿房底部，采空区也随之充填完毕。

5. 优缺点

1) 优点

底部结构下卡车直接出矿后期放矿充填同步水平深孔留矿法回采过程中回收顶柱,增加了矿石采出率;出矿的同时,同步充填采空区,限制了采空区的暴露面积,防止因采空区暴露面积过大造成围岩垮落及地表沉陷,减少了矿石贫化损失,消除了地质隐患;充填体强化了矿柱的支撑作用,保证采空区稳定,促进矿山安全开采;使用卡车直接出矿,减少矿石转运环节,提高了生产效率。

2) 缺点

底部结构下卡车直接出矿后期放矿充填同步的水平深孔留矿法要求散体矿石同步下沉,给放矿管理带来了难度;卡车出矿巷道断面较大,对支护要求较高。

6. 适用条件

底部结构下卡车直接出矿后期放矿充填同步的水平深孔留矿法主要适用于围岩不允许大规模移动、地表不允许沉陷的中等稳定以上的缓倾斜极厚矿体或急倾斜中厚至厚大矿体,且矿体底盘围岩中等稳固及以上。

6.6 厚大矿体无采空区同步放矿充填采矿方法

1. 提出背景

一般而言,地下采矿方法可分为空场采矿法、充填采矿法、崩落采矿法三大类,虽然管理地压的方式各有差异,但在回采过程中都不可避免地会出现采空区,当采空区未充填或充填不及时,就有可能发生顶板崩塌、矿柱破坏和地表塌陷等威胁矿山安全生产的事故。

对于厚大矿体,为提高生产效率并降低成本,倾向于采用大结构参数的崩落采矿法进行采矿,其基本特征是回采高度等于阶段全高,一次爆破量大,对开采矿石价值不高、地表允许崩落的矿体尤其适用。崩落采矿法具有矿块生产能力大,采准工作量小,劳动生产率高,成本低等优点。但是,其缺点也非常明显,通过崩落围岩充填采空区来管理地压,会造成地面沉陷等问题,只能在地表允许崩落的地区使用,限制了其使用范围。若采用空场采矿法,留下矿柱支撑采空区，则会造成矿石的大量浪费。若采用嗣后充填采矿法，则出矿时间长，可能因为充填不及时而出现地压突出现象。

陈庆发和陈青林在继提出协同开采理念后，于 2010 年又提出了同步充填采矿技术理念[6]。该理念将矿山的充填工序提前，改变了传统采矿技术的认知；可有效地控制采空区暴露面积、强化采空区围岩稳定性，实现采空区动态管理；有助于减少废石的地表堆积，促进矿山环境保护与地质灾害防治，并将二者有机结合起来实现矿山绿色开发。

2. 协同技术原理

在协同开采、同步充填等理念的指导下，雷涛[7]于 2016 年提出了一种厚大矿体无采空区同步放矿充填采矿方法，其示意图如图 6-7 所示。

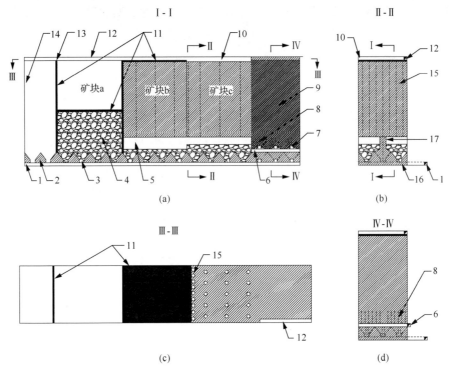

图 6-7　厚大矿体无采空区同步放矿充填采矿方法示意图

1-下部阶段平巷；2-底柱；3-出矿堑沟；4-矿石；5-补偿空间；6-凿岩平巷；7-拉底巷道；8-拉底炮孔；
9-待采矿石；10-切顶空间；11-防护层；12-上部阶段平巷；13-竖向防护层空间；14-充填料；
15-密集炮孔；16-穿脉运输巷道；17-临时矿柱

厚大矿体无采空区同步放矿充填采矿方法吸收了协同开采与同步充填采矿的思想,将柔性隔离层应用到充填采矿法中,将充填作业提前至与出矿作业协同推进(同步充填),避免了大的采空区出现,实现了采空区的动态管理;回采过程中因柔性防护层的存在,隔离了矿石和废石,降低了矿石贫化损失,提高了矿石回采率。

3. 技术经济指标

厚大矿体无采空区同步放矿充填采矿方法的技术经济指标可基于充填采矿法的技术经济指标进行估算。通过查阅现有的各充填采矿法的技术经济指标,确定出厚大矿体无采空区同步放矿充填采矿方法的主要技术经济指标,见表6-6。

表6-6 厚大矿体无采空区同步放矿充填采矿方法的主要技术经济指标

指标名称	单位	数量
采场生产能力	t/d	300~500
掌子面工效	t	47~48
采场凿岩台班效率	t	40
采切比	m/kt	2
损失率	%	1~5
贫化率	%	6~8
炸药	kg/t	0.5
雷管	个/t	0.45
导爆索	m/t	1.8
直接成本	元/t	2

4. 具体实施方式

将厚矿体划分为不同阶段,各个阶段内沿走向布置连续矿块,在阶段上部和下部各布置一条兼顾运输、切顶、通风与充填的平巷,下部阶段平巷为下个阶段的上部阶段平巷,利用下部阶段平巷在阶段底部形成出矿堑沟和拉底巷道;先通过上部阶段平巷采用浅孔爆破全面切顶,切顶高度为3m,形成足够凿岩设备正常工作的切顶空间,再在拉底巷道内凿上向的扇形孔,爆破后形成高5m的补偿空间;补偿空间形成后,在切顶空间内凿贯穿补偿空间的孔径为 165mm 的下向平行中深孔；同时，在临近上一回采矿块的一排炮孔采用近似预裂爆破方式进行凿岩装药，进行密集炮孔减弱装药的爆破，以形成一个宽度为 1m 的垂直空间；在切顶空间与垂直空间内分别铺设水平和竖向的由油毛毡、SBS 改性沥青防水卷材等组成的柔性隔离层并固定以防滑落，并对切顶空间进行临时支护。出矿堑沟与切顶空间、补偿空间、竖向空间的开辟均比回采工作超前两个矿块，即沿开采方向矿块编号为 a、b、c，在矿块 a 完全放矿前就完成矿块 c 的开凿堑沟、切顶空间、补偿空间、竖向空间及铺设隔离层等工作，同时矿块 c 的补偿空间中垂直空间爆落的矿石暂时不完全放出；回采时采用下向平行爆破强制崩落矿体，随着放矿的进行，从上部阶段平巷向柔性隔离层上下放充填料，避免围岩大面积暴露，充填料选用采切工作包括开凿切顶空间时产生的废石，利用出矿堑沟均匀出矿，以保证隔离层的隔离效果。直到矿石全部放出，充填料填满采空区。

5. 优缺点

1) 优点

厚大矿体无采空区同步放矿充填采矿方法设置柔性隔离层隔离了矿石与废石，降低了矿石贫化率；可连续采矿且一次回采矿量大，采矿效率高；矿块侧面的防护层避免了回采时相邻已采矿块充填料混入矿石，同时降低了回采时爆破震动对邻近充填体的破坏，提高了回采的安全性；放矿同时充填采空区，实现了采空区动态管理，避免出现围岩大面积暴露的情况，使采矿过程中无大采空区出现；使用充填的方式管理地压，充分利用工业废料，避免地表塌陷，有利于环境保护。

2) 缺点

厚大矿体无采空区同步放矿充填采矿方法隔离层置于采场中，造成了一定的材料损失；对防护层的构成材料及施工工艺要求高，存在一定难度，特别是竖向防护层的施工。

6. 适用条件

厚大矿体无采空区同步放矿充填采矿方法的使用范围广，对于矿岩稳固与不稳固的厚大矿体均适用，特别是缓倾斜厚大及以上矿体和急倾斜厚大矿体。

6.7 垂直深孔两次放矿同步充填阶段采矿法

1. 提出背景

随着矿床开采深度的不断加大，高地应力和开采扰动等问题严重影响了采场的稳定性。同时，地下采空区引起的地表沉降严重破坏了生态环境，给矿区带来了一系列问题。由于生态保护要求日趋严格，空场嗣后充填采矿法的优势得以凸显。空场嗣后充填采矿法有效结合了空场采矿法和充填采矿法的优势，既能最大限度地回采矿石又能保证生产安全，同时还能有效地减缓地表沉降，其在矿山的应用越来越广。

空场嗣后充填采矿法充填不及时，暂留的采空区可能会引起围岩的崩塌。对于稳固性不好的矿体和围岩，只能减小矿房的尺寸来满足安全条件，但这在一定程度上会牺牲矿山的生产能力，并加大采准切割强度。

陈庆发提出的同步充填采矿技术理念，对传统嗣后充填采矿法的革新提供了思想启迪。该理念对于有效控制采空区暴露面积起着积极的指导作用。

2. 协同技术原理

通过吸收连续开采、同步充填等采矿技术理念，雷涛[8]于 2016 年提出了一种垂直深孔两次放矿同步充填阶段采矿法，其示意图如图 6-8 所示。

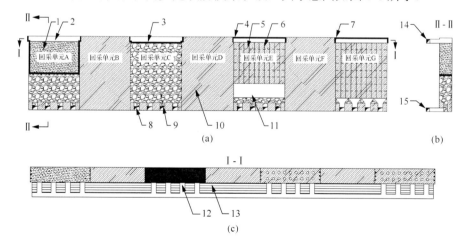

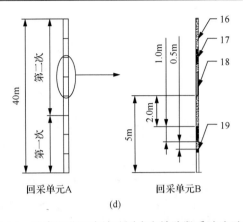

(d)

图 6-8　垂直深孔两次放矿同步充填阶段采矿法示意图

1-充填料；2-凿岩硐室；3-隔离层；4-聚氨酯钢丝网；5-待爆矿石；6-炮孔；7-可拆卸钢柱；8-出矿堑道；
9-已爆矿石；10-回采单元；11-补偿空间；12-装运巷道；13-围岩；14-上一阶段下盘运输巷道；15-本阶
段下盘运输巷道；16-砂子；17-炸药；18-木塞；19-水泥塞；A、B、C、D、E、F、G-回采单元

　　垂直深孔两次放矿同步充填阶段采矿法简化了采场结构，阶段上采用"隔
一采一"的回采方式，实现了连续开采和回采单元的完全回收；采场内两次
爆破放矿，其中第二次放矿作业与聚氨酯钢丝网隔离层上的废石充填料下沉
同步进行，实现了采场地压管理与出矿工作的协同；废石充满采场后，采用压
力注浆形成胶结充填体，并为下一循环回采单元的回采提供了安全保障。

3. 技术经济指标

　　垂直深孔两次放矿同步充填阶段采矿法的技术经济指标可基于充填采矿
法的技术经济指标进行估算。查阅现有的各充填采矿法的技术经济指标，确
定出垂直深孔两次放矿同步充填阶段采矿法的主要技术经济指标，见表 6-7。

表 6-7　垂直深孔两次放矿同步充填阶段采矿方法的主要技术经济指标

指标名称	单位	数量
采场生产能力	t/d	140～200
掌子面工效	t	12.5
采场凿岩台班效率	t	60
采切比	m/kt	4～6
损失率	%	1～5
贫化率	%	6～8

续表

指标名称	单位	数量
炸药	kg/t	0.45
雷管	个/t	0.42
导爆索	m/t	1.7
直接成本	元/t	2

4. 具体实施方式

将矿体沿倾向划分为不同阶段，沿走向布置回采单元，回采单元高度一般为矿体厚度，回采单元长度为 40m，回采单元宽度为 10m；阶段上采用"隔一采一"的回采方式，待两个相隔回采单元胶结充填完后再开采中间回采单元；在每个阶段布置规格为 4m×4m 的下盘运输巷道，上一阶段下盘运输巷道可作为本阶段上部运输巷道；由上部运输巷道经装运巷道到达上一阶段出矿堑道，其中两相邻装运巷道的距离为 10m，装运巷道长度为 10m，截面尺寸为 3m×3m；通过回采部分底部结构形成本阶段凿岩硐室，其中凿岩硐室高 4m，长度比回采单元大 2m；然后在硐室两端安装可拆卸钢柱支护顶板，在钢柱上部采用固定装置安装聚氨酯钢丝网，防止硐室顶板充填料掉落；由下部运输巷道掘进装运巷道到达回采单元底部，通过拉底、扩漏形成堑沟式底部结构，即出矿堑道，底柱高 6m；从凿岩硐室向下钻垂直平行深孔，孔深为 165mm，孔距、排距均为 4m；炮孔采用分层装药，每层高度 5m，共 8 层，分两次爆破；第一层装药时底部采用水泥塞固定，预留 1.5m 空气间隔，第二层与第一层中间采用木塞作为隔层，其他结构与第一层相同；第一次爆破放矿结束前应暂留部分矿石，维护采空区稳定性；第二次崩矿前应有足够的补偿空间，使崩落矿体充满采空区；第二次爆破后，拆卸上部钢柱的固定装置，下放聚氨酯钢丝网并铺设在矿堆上，形成隔离层。采用铲运机均匀出矿，同时在上部运输巷道中使用铲运机将充填料均匀铺设在隔离层上，并利用钢柱固定聚氨酯钢丝网，保证隔离层平整下移。通过调整充填速率和放矿速率，可以控制围岩的暴露面积，充分发挥充填料的维护作用，直至出矿结束。充填料可选用采切工作包括开凿平行空间时产生的废石；待充满采空区后，采用压力注浆形成胶结充填体。

5. 优缺点

1）优点

垂直深孔两次放矿同步充填阶段采矿法简化了采场结构，将上一阶段出矿堑道式受矿巷道改造为凿岩硐室，有效地回采底柱，无须留顶柱；同时，充填料同步下沉有助于清理底部残矿，提高了回采率；合理使用聚氨酯钢丝网，既可将其作为防护结构，又可将其作为隔离层，可以减少充填料混入矿石，降低了矿石的贫化率；采用可拆卸式钢柱，既可以保护顶板稳定性，还可以用于固定聚氨酯钢丝网；阶段上采用"隔一采一"的回采方式，实现了连续开采和回采单元的完全回收；充分发挥了阶段矿房采矿法开采效率高的特点，引入同步充填技术实现了地压控制，维护了采空区的稳定，有利于保护生态环境。

2）缺点

垂直深孔两次放矿同步充填阶段采矿法回采过程中不能形成贯穿风流，导致通风效果不好，通风管理困难；隔离层铺设比较繁琐，且要求高，一次性使用，不能回收，造成了一定的材料损失。

6. 适用条件

垂直深孔两次放矿同步充填阶段采矿法对矿体倾向要求不高，适用于矿石与围岩均为中等稳固的厚和极厚矿体。

参 考 文 献

[1] 陈庆发, 吴仲雄. 大量放矿同步充填无顶柱留矿采矿方法: 中国, 201010181971.2[P]. 2010-10-20.

[2] 李启月, 王卫华, 尹土兵, 等. 垂直孔与水平孔协同回采的机械化分段充填采矿法: 中国, 201410257493.7[P]. 2014-06-11.

[3] 胡建华, 罗先伟, 周科平, 等. 分条间柱全空场开采嗣后充填协同采矿法: 中国, 201310658513.7[P]. 2013-12-09.

[4] 邓红卫, 周科平, 李杰林, 等. 组合再造结构体中深孔落矿协同锚索支护嗣后充填采矿法: 中国, 201310404154.2[P]. 2013-09-06.

[5] 陈庆发, 胡华瑞, 李世轩, 等. 底部结构下卡车出矿后期放矿充填同步的水平深孔留矿法: 中国, 201611105283.1[P]. 2016-12-05.

[6] 陈庆发, 陈青林. 同步充填采矿技术理念及一种代表性采矿方法[J]. 中国矿业, 2011, 20(12): 77-80.

[7] 雷海. 厚大矿体无采空区同步放矿充填采矿方法: 中国, 201610366837.7[P]. 2016-05-27.

[8] 雷海. 垂直中深孔两次放矿同步充填阶段采矿法: 中国, 201611059708.X[P]. 2016-11-21.

第7章　协同采矿方法协同度测度评价

7.1　采矿方法系统结构

7.1.1　采矿方法的要素组成

协同采矿方法主要包括采场结构和采场回采工作两大方面[1]。

1. 采场结构方面

采场结构主要包含采场型式、结构参数、采准工程和切割工程等。

采场型式与结构参数侧重于对采场结构进行"设计"，采准工程与切割工程则偏向于根据"设计"进行"施工"。

1)采场型式与结构参数

采场型式从某种程度上限定了采场的结构参数；同样，结构参数反过来影响着采场型式。采场型式包括采场布置方式和采场形状。结构参数是对采场三维尺寸的量化，可分为整体结构三维尺寸和局部结构三维尺寸。前者主要描述采场外形尺寸如采场长、宽、高等，后者主要针对采场内部而言，主要描述采场内部如中段高度、分段高度、矿柱及内部井巷尺寸等。

采场型式与结构参数布局与设置的科学性、合理性，关系到矿石采出后采空区暴露面积的大小，矿石开采后原岩应力平衡被破坏，进而引起围岩变形、位移、开裂、冒落等，甚至产生大面积(规模)移动，当岩移范围扩大到地表时，地表将产生变形和移动，形成下沉盆地或塌陷坑。采场型式与结构参数相协调时，能够有效减少原岩应力失衡导致的灾害。

在确定采场型式与结构参数的过程中，一方面要综合考虑矿体自身赋存条件；另一方面也是为了实现某一目标或达到某种效果。从这两方面对采场型式与结构参数做出相应调整，有助于实现采矿作业链上的合作、协调、同步，达到协同开采的目的。例如，开采复杂难采矿体时，常规采矿方法难以进行经济、合理的回采(甚至无法回采)，通常调整采场布置方式、采场形状、结构参数使之与矿体赋存状况相适应、相匹配、相协调。对于已有的采矿方法，为了提高产能与效率、降低矿石贫化损失，也可以对采场型式和结构参数作出适当调整。

2)采准工程和切割工程

采准工程超前切割工程,二者联系紧密,通常合称为采切工程。采准工程即为获得采准矿量,在开拓矿量的基础上,按不同采矿方法的要求,所掘进的各类井巷工程。切割工程即为获得备采矿量,在开拓及采准的基础上按采矿方法所规定,在回采作业之前所必须完成的井巷工程。采准工程包括运输方式及其相关巷道的开掘、天井的开掘、破碎水平及底部结构的布置、凿岩巷道的掘进等。切割工程较采准工程少,一般为拉底巷道、放矿漏斗颈、切割平巷等。

为达到协同开采的目的,井巷在实际掘进过程中,往往会因采场结构的改变作出相应的调整,或是为了配合采矿工作而进行优化。采准工程协同的典型特征有井巷空间布局形式改变与井巷工程简化(前者主要由采场型式变化所致,后者主要为协调回采工作而井巷共用、井巷配合使用等);采准方式的配合也会产生协同效应,如矿脉内采准、矿脉外采准、脉内脉外联合采准、有轨采准、无轨采准、有轨与无轨联合采准。切割工程的协同主要表现为在优化矿块底部结构过程中,为协调落矿与出矿,在增大采场结构的同时优化底部结构提高出矿效率;为安全高效回采矿石,对切割天井、拉底巷道、深孔凿岩硐室的布局和掘进进行改进等。

2. 采场回采工作方面

采场回采工作主要包括地压控制、落矿与矿石运搬两方面。地压控制即地压管理,主要是为了防止采空后矿柱和上下盘围岩出现变形、破坏移动等地压现象,在地压控制好的情况下才能进行下一步作业。落矿包含凿岩爆破落矿、机械落矿、水力落矿、溶解落矿,但主要以凿岩爆破落矿为主。凿岩爆破落矿包括凿岩和爆破两项工作,涵盖炮孔钻凿岩方式方法、起爆顺序、装药量、起爆方法等方面。矿石运搬指将回采崩落的矿石从工作面运搬到运输水平的过程,包括放矿、自行设备出矿等。

针对采场回采工作各项作业、工序和诸多流程。就工序协同而言,如地压控制主要包括充填、人工支持、崩落围岩、矿柱支撑等,可根据矿体赋存条件,几种支护方式相互配合,达到控制地压的目的。落矿与矿石运搬包括落矿和矿石运搬两部分,指的是矿石通过凿岩爆破落矿分离矿体,并破碎成块状,经过矿石运搬工序到达运输水平的过程,这一过程中落矿辅助矿石运搬、落矿与地压控制相配合、地压控制与矿石运搬相协调等可能产生协同效应。因凿岩方式形式多样、炮孔布置差异、起爆顺序不同等，在落矿作业过程中可能产生不同的协同效应。矿石运搬包括重力运搬、电耙运搬、爆力运搬等方式，两种或多种运搬方式相组合，会发挥 1+1＞2 的协同效果。此外，矿石运搬过程中某一细小环节与其他工序配合作业，也能发挥协同作用，如放矿与充填同步进行、放矿与落矿相配合等。

7.1.2　采矿方法的系统结构图

系统结构是系统状态直观的表现形式，指的是系统内部各组成要素之间的相互联系、相互作用的方式或秩序，即各要素在时间或空间上排列和组合的具体形式[1]。

采矿方法是一个较大的体系，内部组成要素丰富，可视作一个系统结构。按照一级子系统、二级子系统、元素层 3 个层次，绘制出一般意义上采矿方法的系统结构图，如图 7-1 所示。绘制采矿方法的系统结构图，有助于全面认识与理解采矿方法要素组成及其相互关系，特别对于一些新型采矿方法(尤其协同采矿方法)更是如此。

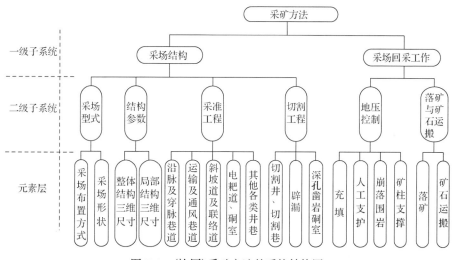

图 7-1　(协同)采矿方法的系统结构图

协同采矿方法在系统结构上与一般采矿方法无异，但在组成要素间或要素自身内所具有的协同效应方面区别于一般的采矿方法。

7.2　各协同采矿方法协同要素的结构型式与协同效应

对照采矿方法的系统结构图(图7-1),可以很容易看出各协同采矿方法参与协同的各要素(简称协同要素)及其在系统结构中的位置,可进一步勾绘出协同要素的结构型式、明晰协同要素所产生的协同效应。

1)采场台阶布置多分支溜井共贮矿段协同采矿方法

该协同采矿方法协同要素涵盖采场结构和采场回采工作两大方面,包括采场型式、结构参数、采准工程、落矿与矿石运搬及其对应的元素。

基于采矿方法的系统结构图,勾绘出了该协同采矿方法协同要素的结构型式,如图7-2所示。

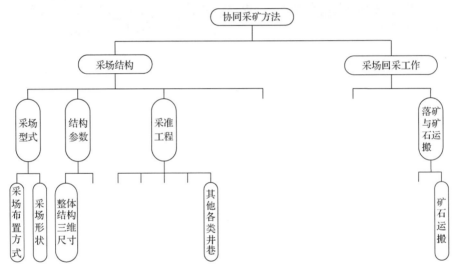

图7-2　采场台阶布置多分支溜井共贮矿段协同采矿方法协同要素结构型式

该协同采矿方法将各采场按台阶式布置,分支溜井按扇形布置,多分支溜井协同出矿。采场布置方式异于常规,整体上呈倒台阶布置,使其难以用长、宽、高尺寸进行简单描述,其采场布置方式、采场形状和整体结构三维尺寸存在明显的协同特征。图7-2中,其他各类井巷主要指矿石溜井。例如,3条溜井分别连接3层矿体,同时连接同一贮矿段,促进了多采场矿石运搬工作与漏斗放矿工作间的有效协同,实现集中、大量出矿,保证生产均衡性,在采准工程和矿石运搬过程中协同特征明显，最终实现多层水平或缓倾斜薄至中厚矿体协同开采。

2) 电耙–爆力协同运搬伪倾斜房柱式采矿法

该协同采矿方法协同要素涵盖采场结构和采场回采工作两大方面，包括采场型式、结构参数、落矿与矿石运搬及其对应的元素。

基于采矿方法的系统结构图，勾绘出了该协同采矿方法协同要素的结构型式，如图 7-3 所示。

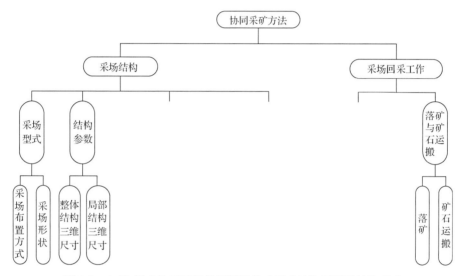

图 7-3　电耙–爆力协同运搬伪倾斜房柱式采矿法协同要素结构型式

该协同采矿方法充分利用伪倾斜房柱式采矿法和爆力采矿法的优点，在房柱式采矿法采场长度尺寸较大时，由电耙运搬方式与爆力运搬方式协同运搬矿石。采场与阶段斜交布置，且根据矿石运搬方式的差异，结合爆力运搬和电耙运搬的运距，将采场划分为尺寸不同的上部爆力运搬区和下部电耙运搬区，伪倾斜房柱式采矿法采场长度增大，使得采场形状改变，采场布置方式、采场形状和整体结构三维尺寸存在明显的协同特征；其中采场下部矿石完成落矿后直接利用电耙耙矿；上部矿石则利用爆力将矿石崩落至电耙可耙范围，再借助电耙耙运，通过爆力与电耙协同运搬，极大地提高了采场的运搬能力，运搬作业协同效应明显。

3) 一种缓倾斜薄矿体采矿方法

该协同采矿方法协同要素涵盖采场回采工作方面，包括地压控制及其对应的元素。

基于采矿方法的系统结构图，勾绘出了该协同采矿方法协同要素的结构型式，如图 7-4 所示。

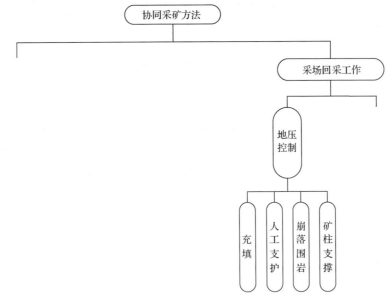

图 7-4   一种缓倾斜薄矿体采矿方法协同要素结构型式

该协同采矿方法根据矿石回采需要，多种形式的地压控制手段综合配合利用，进而安全高效地大规模回采矿石。矿石回采过程中，先利用房柱式采矿法进行回采，此时利用矿柱支撑及液压支柱控制地压；出矿完毕后，先用废石、尾砂或其他材料充填采空区至合适高度，然后崩落上覆围岩继续充填，完成整个充填过程。上述过程中矿柱支撑、人工支护、充填及崩落围岩等作业相互合作、协同控制地压。

4) 浅孔凿岩爆力–电耙协同运搬分段矿房采矿法

该协同采矿方法协同要素涵盖采场结构和采场回采工作两大方面，包括采场型式、结构参数、落矿与矿石运搬及其对应的元素。

基于采矿方法的系统结构图，勾绘出了该协同采矿方法协同要素的结构型式，如图 7-5 所示。

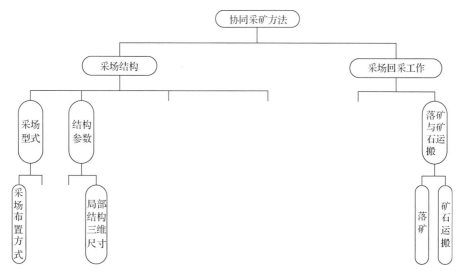

图 7-5　浅孔凿岩爆力-电耙协同运搬分段矿房采矿法协同要素结构型式

该协同采矿方法将 3 层矿体划分于一个矿块内统筹考虑，上、中、下 3 层矿体划分于一个矿块内同时进行回采，上一层矿体上分段矿石回采后借助爆力崩至该分段下部，再通过分段溜井溜至下一层矿体底部，经电耙耙出，矿石运搬效果好。有别于逐层回采单层矿体的传统模式，该协同采矿方法结合电耙与爆力运搬方式协同的优势，视多层矿体为整体进行采场布置，采场布置方式协同特征明显；根据爆力运搬和电耙运搬的运距，对局部结构三维尺寸进行协同调整，即将采场划分为尺寸不同的上部爆力运搬区和下部电耙运搬区，由爆力与电耙方式协同运搬出矿，矿石运搬过程中协同特征明显、协同效应突出。

5) 分段凿岩并段出矿分段矿房采矿法

该协同采矿方法协同要素涵盖采场结构方面，包括采场型式和结构参数及其对应的元素。

基于采矿方法的系统结构图，勾绘出了该协同采矿方法协同要素的结构型式，如图 7-6 所示。

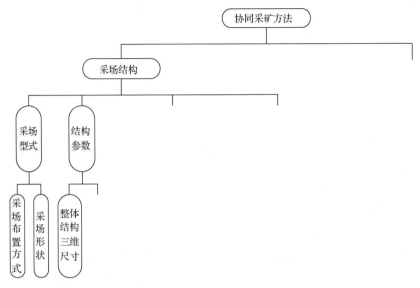

图 7-6　分段凿岩并段出矿分段矿房采矿法协同要素结构型式

该协同采矿方法通过改进矿块布置型式，合并分段与独立分段分别具有独立的底部出矿结构，进而完成矿石的协同开采。因断层错动或矿体倾角频繁变化，采场不再像传统采矿方法规则布置，而是随矿体赋存具体情况确定，外形尺寸受矿体赋存条件控制，采场布置方式和采场形状存在显著的协同特征；合并分段与独立分段底部分段凿岩巷道充当拉底巷道作用，以便多分段并段协同出矿，故其整体结构三维尺寸变化较大，协同效应突出。

6) 卡车协同出矿分段凿岩阶段矿房法

该协同采矿方法协同要素涵盖采场结构和采场回采工作两大方面，包括结构参数、采准工程、切割工程、落矿与矿石运搬及其对应的元素。

基于采矿方法的系统结构图，勾绘出了该协同采矿方法协同要素的结构型式，如图 7-7 所示。

该协同采矿方法采用卡车直接出矿，放矿与出矿在时间和空间上相协调，进而进行大规模采矿。通过对矿块底部结构调整，使其适应卡车直接出矿的要求，促使落矿量与卡车出矿能力协同，局部结构三维尺寸存在明显的协同特征；卡车运输对运输巷道有特别要求，通常使用斜坡道运出矿石，故在运输及通风巷道和斜坡道及联络道方面存在显著的协同特征；矿石经短溜井和

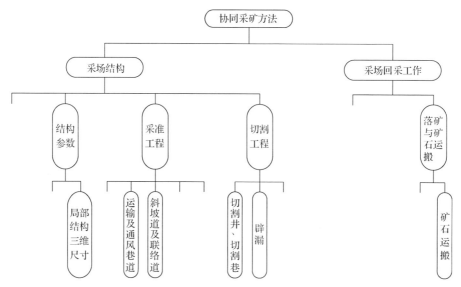

图 7-7　卡车协同出矿分段凿岩阶段矿房法协同要素结构型式

漏斗直接装入卡车运出，减少中间转运环节，从而大量落矿与大量出矿在时间和空间上达到匹配，达到大规模生产的目的。在此过程中切割井、切割巷与辟漏作业、矿石运搬过程协同特征明显。需要强调的是利用卡车直接出矿，矿块底部结构及相关巷道在尺寸和形状上虽发生较大变化，但属于结构参数层面的协同。

7) 协同空区利用的采矿环境再造无间柱分段分条连续采矿法

该协同采矿方法协同要素涵盖采场结构和采场回采工作两大方面，包括采场型式、结构参数、采准工程、切割工程、地压控制及其对应的元素。

基于采矿方法的系统结构图，勾绘出了该协同采矿方法协同要素的结构型式，如图 7-8 所示。

该协同采矿方法根据采空区存在状态，在采场结构设置和采场回采工作进行的过程中，进行了科学、合理的设计，进而安全、高效回采采空区隐患资源。依照采空区位置、形状、大小，将其内嵌至矿块完成采场型式的布置，由采空区差异导致采场布置方式及采场形状不尽相同，采场布置方式和采场形状存在明显的协同特征。开采布局根据采空区赋存特征而定，各矿块尺寸由采空区位置、形状、大小确定，而局部结构三维尺寸因采空区内嵌型式、采准切割方式而定，整体结构三维尺寸和局部结构三维尺寸均存在明显的协

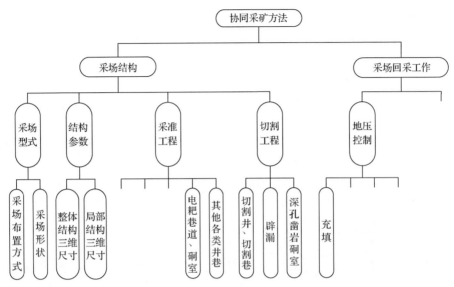

图 7-8 协同空区利用的采矿环境再造无间柱分段分条连续采矿法协同要素结构型式

同特征。井巷工程、硐室空间与采空区相嵌合，协同完成采准工程和切割工程，故电耙巷道、硐室与其他各类井巷，切割井、切割巷及辟漏及深孔凿岩硐室等工程协同特征明显。采场回采时，先采矿柱，再立即充填，利用充填体控制地压，随后再对矿房进行协同开采，在利用充填体控制地压过程中协同特征明显，协同效应突出。

8) 一种地下矿山井下双采场协同开采的新方法

该协同采矿方法协同要素涵盖采场结构方面，包括采场型式和结构参数及其对应的元素。

基于采矿方法的系统结构图，勾绘出了该协同采矿方法协同要素的结构型式，如图 7-9 所示。

该协同采矿方法通过改进采场结构，在矿块内布置双采场，进行大规模协同采矿。因矿体稳固性好，采场间不设矿柱连续布置矿块，再将矿块划分为同样宽度的双矿房，规模化双采场连续协同作业，且双矿房共用一条出矿巷道进行矿石的协同开采，在采场布置方式、采场形状和整体结构三维尺寸方面存在明显的协同特征，协同效应突出。

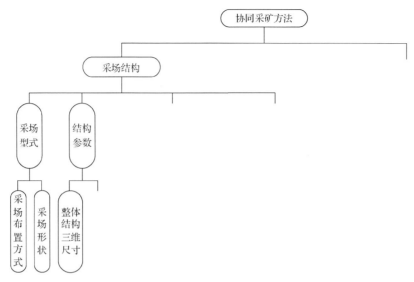

图 7-9　一种地下矿山井下双采场协同开采的新方法协同要素结构型式

9) 柔性隔离层充当假顶的分段崩落协同采矿方法

该协同采矿方法协同要素涵盖采场结构和采场回采工作两大方面，包括结构参数、地压控制及其对应的元素。

基于采矿方法的系统结构图，勾绘出了该协同采矿方法协同要素的结构型式，如图 7-10 所示。

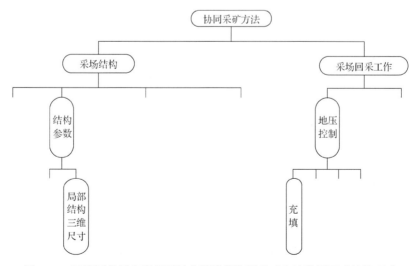

图 7-10　柔性隔离层充当假顶的分段崩落协同采矿方法协同要素结构型式

该协同采矿方法将柔性隔离层引入无底柱分段崩落采矿法中实现矿废隔离，对无底柱分段崩落采矿法进行改进创新。将矿块顶部连同顶柱预先回采，以铺设柔性隔离层材料，且为了保证隔离层材料不被破坏，降低分段高度，在局部结构三维尺寸方面存在显著协同特征。采用铺设柔性隔离层的方式实现矿废分离，隔离层下大量放矿与隔离层上的废石充填作业同步，地压控制效果突出，在充填过程中各作业工序的协同特征明显。

10) 卡车协同出矿有底柱分段崩落法

该协同采矿方法协同要素涵盖采场结构和采场回采工作两大方面，包括结构参数、采准工程、落矿与矿石运搬及其对应的元素。

基于采矿方法的系统结构图，勾绘出了该协同采矿方法协同要素的结构型式，如图 7-11 所示。

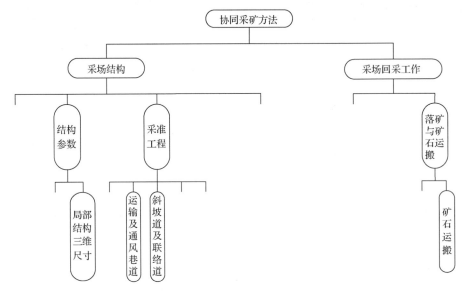

图 7-11　卡车协同出矿有底柱分段崩落法协同要素结构型式

该协同采矿方法采用卡车直接出矿，放矿与出矿在时间和空间上协调。对采场底部结构进行调整，使其适应卡车直接出矿的要求，促使落矿量与卡车出矿能力匹配，局部结构三维尺寸存在显著协同特征。卡车运矿时，通常使用斜坡道运出矿石，故在运输及通风巷道和斜坡道及联络道方面存在显著的协同特征。矿石经短溜井和漏斗直接装入卡车运出，减少中间转运环节，大量落矿与卡车出矿量时空协同，达到了大规模生产的目的。在此过程中，矿石运搬过程协同特征明显。需要强调的是利用卡车直接出矿，矿块底部结构及相关巷道在尺寸和形状上虽发生较大变化，但属于结构参数层面的协同。

11）立体分区大量崩矿采矿方法

该协同采矿方法协同要素涵盖采场结构方面，包括采场型式和结构参数及其对应的元素。

基于采矿方法的系统结构图，勾绘出了该协同采矿方法协同要素的结构型式，如图 7-12 所示。

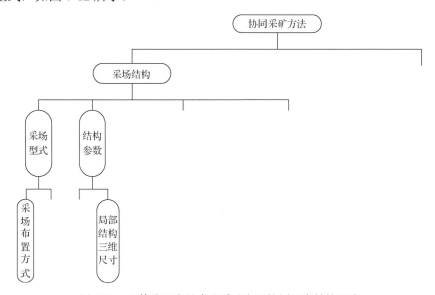

图 7-12　立体分区大量崩矿采矿方法协同要素结构型式

该协同采矿方法将矿块从立体三维角度划分为 6 个小采场，通过微差爆破一次性崩落 6 个回采区域，进而进行大规模协同开采，采场布置方式存在显著的协同特征。为提高矿块生产能力、适应新的落矿方法，对局部尺寸作了适当调整，因此局部结构三维尺寸方面也具有明显的协同特征。

12）一种连续崩落采矿方法

该协同采矿方法协同要素涵盖采场回采工作方面，包括落矿与矿石运搬及其对应的元素。

基于采矿方法的系统结构图，勾绘出了该协同采矿方法协同要素的结构型式，如图 7-13 所示。

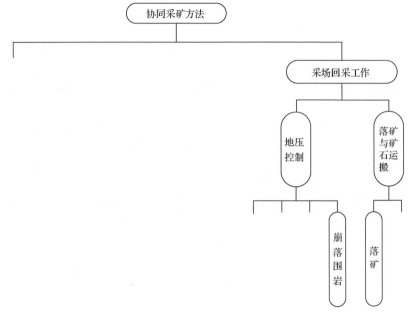

图 7-13 一种连续崩落采矿方法协同要素结构型式

该协同采矿方法改进炮孔布置方式和爆破方法，优化崩矿顺序，进而进行大步距高效安全协同开采。采用大直径集束深孔下分层落矿后退式回采矿房，出矿完毕形成的采空区形成后续矿柱崩落的补偿空间，间柱采用集束大孔侧向爆破，顶柱采用密集中深孔爆破，间柱与顶柱作为整体协同崩落，落矿过程存在显著的协同特征。崩落顶板的同时覆盖岩石下沉充填采空区控制地压，在崩落围岩控制地压方面协同特征明显。

13) 大量放矿同步充填无顶柱留矿采矿法

该协同采矿方法协同要素涵盖采场结构和采场回采工作两大方面，包括结构参数、地压控制、落矿与矿石运搬及其对应的元素。

基于采矿方法的系统结构图，勾绘出了该协同采矿方法协同要素的结构型式，如图 7-14 所示。

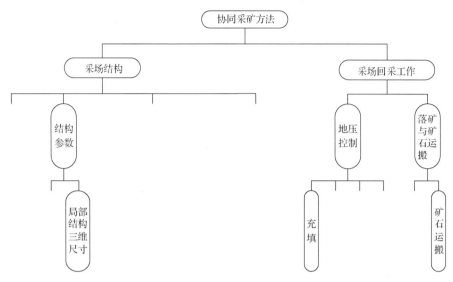

图 7-14　大量放矿同步充填无顶柱留矿采矿法协同要素结构型式

　　该协同采矿方法是对传统留矿采矿法进行二次改进创新，大量放矿时顶柱回收并铺设柔性隔离层材料，使放矿作业与充填作业同步，局部结构三维尺寸存在显著的协同特征；采用铺设柔性隔离层的方式实现矿废分离，充填废石同步控制地压，协同特征明显。

　　14) 垂直孔与水平孔协同回采的机械化分段充填采矿法

　　该协同采矿方法协同要素涵盖采场结构和采场回采工作两大方面，包括结构参数、地压控制、落矿与矿石运搬及其对应的元素。

　　基于采矿方法的系统结构图，勾绘出了该协同采矿方法协同要素的结构型式，如图 7-15 所示。

　　该协同采矿方法利用分段平巷将矿块划分成多个小采场，先利用垂直孔落矿回采矿房下部矿石，再利用水平孔落矿回采矿房上部矿石，解决了采用预控顶方式控制顶板安全性的问题，减少了震动对支护造成的不利影响，进而高效回采矿石，在局部结构三维尺寸和落矿方面存在显著的协同特征。以"隔一采一，采一充一"的方式有效控制地压以提供安全回采的条件，在充填工作与地压控制方面协同特征明显。

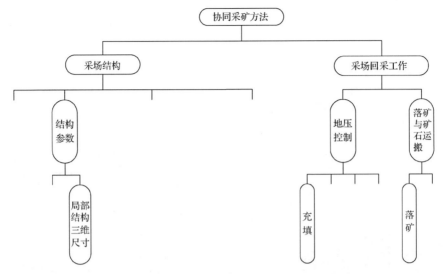

图 7-15　垂直孔与水平孔协同回采的机械化分段充填采矿法协同要素结构型式

15)分条间柱全空场开采嗣后充填协同采矿法

该协同采矿方法协同要素涵盖采场结构和采场回采工作两大方面，包括采场型式、结构参数、地压控制及其对应的元素。

基于采矿方法的系统结构图，勾绘出了该协同采矿方法协同要素的结构型式，如图 7-16 所示。

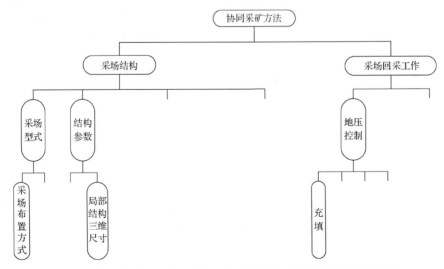

图 7-16　分条间柱全空场开采嗣后充填协同采矿法协同要素结构型式

该协同采矿方法盘区内将采场沿倾向布置,将采场划分为宽度不等的主、次间柱以便后续回采;为提高矿块生产能力,对采场底部结构也作了适当调整,采场布置方式和局部结构三维尺寸存在显著协同特征。回采时以间隔回采的方式进行,次间柱先采先充,在充填体已有效控制地压的条件下回采主间柱,主间柱随采随充,采充工序方面协同特征明显。

16)组合再造结构体中深孔落矿协同锚索支护嗣后充填采矿法

该协同采矿方法协同要素涵盖采场结构和采场回采工作两大方面,包括采场型式、结构参数、地压控制、落矿与矿石运搬及其对应的元素。

基于采矿方法的系统结构图,勾绘出了该协同采矿方法协同要素的结构型式,如图 7-17 所示。

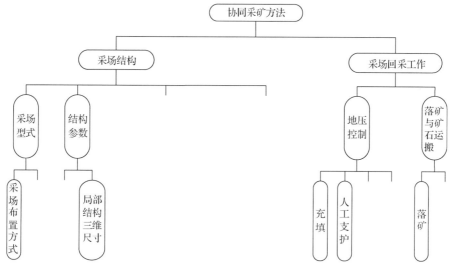

图 7-17　组合再造结构体中深孔落矿协同锚索支护嗣后充填采矿法协同要素结构型式

该协同采矿方法是在人工支护与充填体协同控制地压条件下再造结构体,将上下中段采场交错布置,保证落矿与人工支护协同进行,采场布置方式存在显著的协同特征。调整底部结构,利用同一条巷道进行凿岩、支护与出矿,局部结构三维尺寸协同特征明显。人工支护与充填体协同支护下回采矿石,典型的是以两种支护方式协同作用控制地压,充填与人工支护共同控制地压方面具有明显的协同特征,协同效应突出。

17) 底部结构下卡车直接出矿后期放矿充填同步水平深孔留矿法

该协同采矿方法协同要素涵盖采场结构和采场回采工作两大方面，包括结构参数、地压控制、落矿与矿石运搬及其对应的元素。

基于采矿方法的系统结构图，勾绘出了该协同采矿方法协同要素的结构型式，如图 7-18 所示。

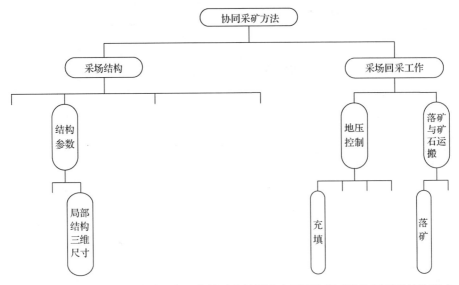

图 7-18　底部结构下卡车直接出矿后期放矿充填同步水平深孔留矿法协同要素结构型式

该协同采矿方法采用铺设柔性隔离层的方式实现矿废分离，进而达到放矿与充填同步的效果，隔离层上部充填废石的主要作用为控制地压，利用矿石与充填废石的共同作用控制地压，存在显著的协同特征；矿石经短溜井和漏斗直接装入卡车运出，减少中间转运环节，且为保证高效的出矿效率，将放矿漏斗对称布置于出矿巷道两侧，局部结构三维尺寸存在显著的协同特征。放矿量和矿石运出量在时间和空间上保证一致，具有明显的协同特征。

18) 厚大矿体无采空区同步放矿充填采矿法

该协同采矿方法协同要素涵盖采场结构和采场回采工作两大方面，包括采场型式、结构参数、地压控制、落矿与矿石运搬及其对应的元素。

基于采矿方法的系统结构图，勾绘出了该协同采矿方法协同要素的结构型式，如图 7-19 所示。

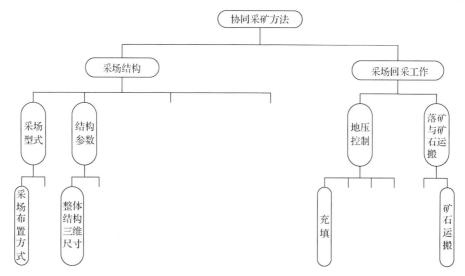

图 7-19　厚大矿体无采空区同步放矿充填采矿法协同要素结构型式

该协同采矿方法充分利用矿岩稳固性好的优势，矿体划分阶段后不再进行细划，且矿块间不设矿柱，仅靠防护层分隔，矿块即为最小回采单元，依步骤进行回采，采场布置方式与整体结构三维尺寸存在显著的协同特征；采用铺设柔性隔离层的方式实现矿废分离，进而达到放矿与充填同步的效果，隔离层上部充填废石的主要作用为控制地压，在充填作业与矿石运搬作业之间协同特征明显。

19）垂直深孔两次放矿同步充填阶段采矿法

该协同采矿方法协同要素涵盖采场结构和采场回采工作两大方面，包括采场型式、结构参数、地压控制、落矿与矿石运搬及其对应的元素。

基于采矿方法的系统结构图，勾绘出了该协同采矿方法协同要素的结构型式，如图 7-20 所示。

与厚大矿体无采空区同步放矿充填采矿法相似，该协同采矿方法充分利用矿岩稳固性好的优势，矿体划分阶段后不再进行细划，且矿块间不设矿柱，仅靠隔离层分隔，矿块作为最小回采单元依步骤回采，采场布置方式与整体结构三维尺寸存在显著的协同特征；在隔离层下放矿，同步用废石充填因大量放矿导致隔离层下移形成的采空区，通过放矿与控制地压的协同，从而进行安全、高效的协同开采，充填与矿石运搬方面协同特征明显。

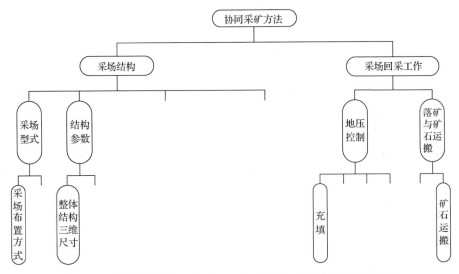

图 7-20 垂直深孔两次放矿同步充填阶段采矿法协同要素结构型式

7.3 协同采矿方法的协同度测度评价方法

协同度是指用以表征系统内各子系统或子系统组成要素之间在发展、演化过程中，通过相互协调、合作作用，达到彼此协作一致的程度[2-5]。协同度的高低反映了系统运行状况，关系到子系统及其要素之间的联系紧密程度、相互配合程度及协同目标实现的可能性[6]。

协同采矿方法的协同度是对其协同效应的测度。因此，对协同度的评价，也可理解为对协同效应的评价，协同度的高低关系到矿石回采时各项作业配合程度的高低。

目前，协同度测度评价方法主要有线性加权综合法、因子分析法、理想点法和协同熵法。

1）线性加权综合法

线性加权综合法的本质是借助线性模型，对评价对象进行综合系统的评价[7]，其评价模型为

$$p_1 = \sum_{s=1}^{m} w_s v_s \tag{7-1}$$

式中，p_1 为表征系统协同度的值；w_s 为对应评价指标 $S_i^- \to 0$ 的权重系数

$(0 \leqslant w_s \leqslant 1, \ s=1,2,\cdots,m, \sum\limits_{s=1}^{m} w_s = 1)$

线性加权综合法具有以下特征：

(1)评价指标应该彼此独立，且其对综合评价水平的贡献互不干扰。

(2)各评价指标间能够线性补偿，为维持综合水平的稳定，指标之间可通过彼增此减的方式来实现。

(3)引入权重系数的意义在该方法中体现得尤为明显，且能够显著地表现指标值或指标权重作用及价值。

(4)对(无量纲的)指标数据无特殊要求。

2)因子分析法

因子分析法是通过大规模调研与收集能够反映系统运行状态特征的评价指标向量数据，进行统计分析评价的方法。众多变量之间往往存在某些未知的联系，而这些存在联系的变量可以用一个或几个变量表示，故可用相对较少的、彼此无相关性的综合指标分析存在于各变量中的信息，这些综合指标就是所谓的因子。因子分析法作为一种统计学方法，即以少数因子来表征多个指标或因素之间的关系，反映初始资料的大部分信息。

因子分析法模型如下：

$$\begin{cases} x_1 = a_{11}f_1 + a_{12}f_2 + \cdots + a_{1m}f_m + e_1 \\ \qquad\qquad\qquad \vdots \\ x_i = a_{i1}f_1 + a_{i2}f_2 + \cdots + a_{im}f_m + e_i \\ \qquad\qquad\qquad \vdots \\ x_k = a_{k1}f_1 + a_{k2}f_2 + \cdots + a_{km}f_m + e_k \end{cases} \tag{7-2}$$

$$\boldsymbol{A} = \begin{bmatrix} a_{11} & a_{12} & \cdots & a_{1m} \\ \vdots & \vdots & & \vdots \\ a_{i1} & a_{i2} & \cdots & a_{im} \\ \vdots & \vdots & & \vdots \\ a_{k1} & a_{k2} & \cdots & a_{km} \end{bmatrix} \tag{7-3}$$

式中，$x_i(i=1,2,\cdots,k)$ 为评价指标；$f_i(i=1,2,\cdots,m)$ 为公共因子，两者存在正交关系；$e_i(i=1,2,\cdots,k)$ 为原变量无法被因子变量解释的特殊因子；$a_{ij}(i=1,2,\cdots,k;$

j=1,2,…, m) 为 f_i 的负荷,即第 i 个变量在第 m 个因子上的负荷;矩阵 A 为因子负荷矩阵。

构建因子分析法模型前,先分析原有变量的适用性,再构造因子变量,进而计算因子共同度,最终得出因子得分,即完成系统评价全过程。

3) 理想点法

所谓理想点,即对各评价指标具有参考意义的值,一般为极值,通常选取每个指标的最优值和最劣值,预先假定最优值为正理想点,最劣值为负理想点。全部理想点共同构成一个向量,称作假想最优系统;全部负理想点构成一个向量,称作假想最劣系统。理想点法通过计算各待评对象与这两个假想系统的贴近度来确定各待评对象的优劣顺序[8]。评价过程如下所述。

(1) 依照各评价指标评价值建立规范化的评价矩阵。

假定 B={B_1,B_2,…,B_n} 为被评价对象的集合,U={U_1,U_2,…,U_m} 为评价指标的集合,其中 n、m 分别为评价对象与指标数。

则 B 关于 U 的评价矩阵如下:

$$Y = \left(y_{ij} \right)_{n \times m} = \begin{bmatrix} y_{11} & y_{12} & \cdots & y_{1m} \\ y_{21} & y_{22} & \cdots & y_{2m} \\ \vdots & \vdots & & \vdots \\ y_{n1} & y_{n2} & \cdots & y_{nm} \end{bmatrix} \tag{7-4}$$

式中, y_{ij} 为系统 B_i 在指标 U_j 下的评价值。

针对效益型和成本型指标各自的特征及差异性,对决策矩阵进行相应的标准化处理。

若是效益型指标 U_j,则

$$r_{ij} = \frac{y_{ij}}{y_j^*} \tag{7-5}$$

式中, r_{ij} 为 y_{ij} 标准化处理后的值; $y_j^* = \max \left\{ y_{ij} | i = 1,2,\cdots,n \right\}$。

若是成本型指标 U_j,则

$$r_{ij} = \frac{y_j^*}{y_{ij}} \tag{7-6}$$

那么，最终的决策矩阵如下：

$$\boldsymbol{R} = \left(r_{ij}\right)_{n \times m} = \begin{bmatrix} r_{11} & r_{12} & \cdots & r_{1m} \\ r_{21} & r_{22} & \cdots & r_{2m} \\ \vdots & \vdots & & \vdots \\ r_{n1} & r_{n2} & \cdots & r_{nm} \end{bmatrix} \tag{7-7}$$

(2) 依照各评价指标的作用能力，对各指标进行赋权。最终得到指标的权重向量为 $\overline{\boldsymbol{\omega}} = \left(\overline{\omega}_1, \overline{\omega}_2, \cdots, \overline{\omega}_m\right)$。

(3) 分别确定正、负理想点 B^+、B^-。两种类型的评价指标按照式(7-5)和式(7-6)中的方式进行标准化处理后，均属于正向型指标，则

$$B^+ = \left\{ \max_{1 \le i \le n} r_{i1}, \ \max_{1 \le i \le n} r_{i2}, \ \max_{1 \le i \le n} r_{i3}, \cdots, \max_{1 \le i \le n} r_{im} \right\} = \left\{ B_1^+, B_2^+, B_3^+, \cdots, B_m^+ \right\}$$

$$B^- = \left\{ \min_{1 \le i \le n} r_{i1}, \ \min_{1 \le i \le n} r_{i2}, \ \min_{1 \le i \le n} r_{i3}, \cdots, \min_{1 \le i \le n} r_{im} \right\} = \left\{ B_1^-, B_2^-, B_3^-, \cdots, B_m^- \right\}$$

(4) 计算评价对象 i 和正、负理想系统的距离 S_i^+、S_i^-，则

$$S_i^+ = \sqrt{\sum_{j=1}^m \overline{\omega}_j^2 \left(r_{ij} - B_j^+\right)^2} \tag{7-8}$$

$$S_i^- = \sqrt{\sum_{j=1}^m \overline{\omega}_j^2 \left(r_{ij} - B_j^-\right)^2} \tag{7-9}$$

(5) 求解系统 i 的相对贴近度 U_i。

$$U_i = \frac{S_i^-}{S_i^+ + S_i^-} \quad (i = 1, 2, \cdots, n) \tag{7-10}$$

显然 $0 < U_i < 1$，对于系统 i，当 $U_i \to 0$ 时，$S_i^- \to 0$，此时其更偏向负理想系统，对应的状态也将更劣；当 $U_i \to 1$ 时，$S_i^- \to 1$，此时其更偏向正理想系统，对应的状态也将更优。

4) 协同熵法

协同熵法是根据管理熵的评价机制，结合协同理论提出的评价系统协同度的方法。熵有正熵和负熵之分，在系统运行过程中熵往往存在波动情况，熵值变大（正熵），导致系统有序度减少，有碍系统协同发展，使系统朝无序方向发展；熵值减小（负熵），导致系统有序度增加，有助于系统协同发展，使系统朝有序方向发展。系统由"正熵减小"或"负熵变大"时逐渐朝有序发展，当系统达到最佳状态，此时系统的协同度最高。

利用协同熵法对系统进行协同度评价的基本流程是：先确定综合评价指标，再计算各指标协同熵，进而结合指标权重得到协同度测度评价模型，最终得出协同度。主要计算过程如下所述。

(1) 根据综合评价指标，得出各项指标的影响力矩阵：

$$\boldsymbol{D} = \begin{bmatrix} d_{11} & d_{12} & \cdots & d_{1n} \\ d_{21} & d_{22} & \cdots & d_{2n} \\ \vdots & \vdots & & \vdots \\ d_{n1} & d_{n2} & \cdots & d_{nn} \end{bmatrix} \tag{7-11}$$

(2) 对各指标权重 ω 进行计算：

$$\omega = \boldsymbol{D}_u \bigg/ \sum_{u=1}^{n} \boldsymbol{D}_u \quad (u=1,2,\cdots,n) \tag{7-12}$$

式中，$\boldsymbol{D}_u$ 为各项指标的影响力矩阵。

(3) 求出信息熵值为

$$H(S) = -\sum_{u=1}^{n} P_u \log_\alpha{}^{P_u} \quad (u=1,2,\cdots,n) \tag{7-13}$$

式中，$H(S)$ 为信息熵；P_u 为每个事件随机出现概率。

需要注意的是，利用式 (7-13) 计算熵值时，α 可取 2、e 和 10，对应的熵值单位是比特 (bit)、奈特 (nat) 和笛特 (det)，在不同条件下其取值不同，且存在 $1\text{bit} = 0.693\text{nat}$，$1\text{nat} = \log_2 e \approx 1.433\text{bit}$，$1\text{det} = \log_2 10 \approx 3.322\text{bit}$。故在计算熵的过程中会因底数取值差异引起熵值的不同。

假设式 (7-13) 中对数底数取 2 和 e，则系统最终协同熵分别为 $H^2(Q_{ij})$、$H^2_{\max}$ 和 $H^e(Q_{ij})$、$H^e_{\max}$，且有 $H^2(Q_{ij}) = \phi H^e(Q_{ij})$、$H^2_{\max} = \phi H^e_{\max}$

（$\phi \geqslant 0$），两种条件下求得的协同度 $C^2(Q_{ij}) = 1 - \dfrac{H^2(Q_{ij})}{H^2_{max}} = 1 - \dfrac{\phi H^e(Q_{ij})}{\phi H^e_{max}} =$

$1 - \dfrac{H^e(Q_{ij})}{H^e_{max}} = C^e(Q_{ij})$，这里，$\phi$ 代表一种倍数关系，无实际意义。

故底数取值的差异，只能引起协同熵值之间的不同，而不会导致协同度的变化。为方便计算，计算协同熵时底数均取 e。

（4）便可得出第 u 个系统的协同度为

$$C_u = 1 - H_u/H_{max} \tag{7-14}$$

式中，C_u 为系统的协同度；H_u 为该系统层或系统元素层的协同熵；H_{max} 为该系统层或系统元素层的最大协同熵。

（5）根据权重和系统各部分的协同度求得系统整体的协同度。

上述 4 种评价方法均能对协同采矿方法系统的运行状况进行评价，但各自的侧重点不同，导致评价结果有异。对于协同采矿方法这一复杂系统而言，线性加权综合法是不合适的，因为协同采矿方法系统的评价指标彼此是相互联系的，且存在相互影响，若将各评价指标以完全独立的方式进行计算，有违协同采矿方法系统的本质，且该方法权重赋值方式不适用于协同采矿方法系统，因此，线性加权综合法不能够用于协同采矿方法系统协同度的评价。其余 3 种评价方法的优缺点见表 7-1。

表 7-1　协同度评价方法的优缺点

协同度评价	优点	缺点
因子分析法	①该方法分析计算过程简单，模型易于构建 ②在数据齐全的条件下可快速得出评价结果	①需要数据较多，不具备较好的可操作性 ②指标权重问题没考虑，无法反映系统内部子系统或元素协同差异特征 ③协同度结果没有判断标准，无法分析协同度优劣
理想点法	①能对某一指标进行针对性的高度评价 ②评价结果更适用于经济技术类指标的评价	①不能对系统整体协同性进行评价，所得评价结果不具备针对性 ②系统协同度无法准确量化，只能获得协同度归属区间
协同熵法	①能对采矿方法系统各层级系统及元素进行全面分析 ②评价模型涉及评价因素广泛，评价结果可信度很高	①指标权重确定较繁琐 ②计算量大

基于表 7-1 中各评价方法优缺点的综合比较，本书最终选择协同熵法作为协同采矿方法的协同度评价方法。

7.4 协同采矿方法的协同度测度评价指标体系与赋值

7.4.1 协同采矿方法评价指标体系

引入评价指标评测协同采矿方法的协同度时，评价指标的确定需遵循科学性、层次性、代表性、可操作性等原则。结合采矿方法的系统结构，确定出协同采矿方法的协同度评价指标体系，如图 7-21 所示。

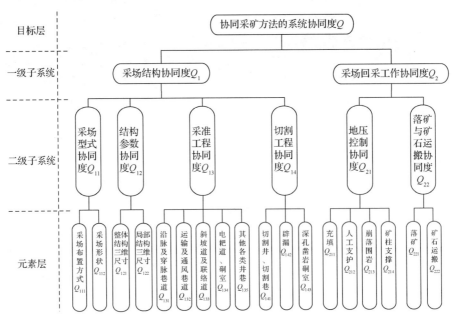

图 7-21 协同采矿方法的协同度评价指标体系

图 7-21 中，评价体系分为 3 层，通过计算底层元素层熵值，根据协同状态赋予权重，进而得出二级子系统的协同度，再计算出一级子系统的协同度，最终得出协同采矿方法的整体协同度。

7.4.2　协同熵评价打分与权重赋值方法

1. 协同熵法评价模型

熵值的大小决定了系统的混乱或有序情况：熵值越大，系统的有序度越低，协同度越低；熵值越小，系统的有序度越高，协同度也将越高。

熵值计算公式见式(7-13)。式中系统 S 内有多个离散事件，即 $S=\{E_1,E_2,\cdots,E_n\}$，确定 $H(S)$ 为每个事件随机出现概率为 $P=\{P_1,P_2,\cdots,P_n\}$ 的信息熵。

现在令 g_u 为协同采矿方法系统中第 u 个元素(即采场结构、采场回采工作及其所包含的具体元素)的协同关系链数，若协同采矿方法系统组成元素有 n 个，则协同采矿方法的协同关系链数为 $g=\sum_{u=1}^{n}g_u\ (u=1,2,\cdots,n)$。

若 $P(g_u)=g_u/g$，结合式(7-13)中概率与熵的关系，协同采矿方法的协同熵 H 为

$$H=-\sum_{u=1}^{n}\frac{g_u}{g}\ln\frac{g_u}{g} \tag{7-15}$$

元素之间的协同度，本质上反映的是系统内部子系统及元素之间的协调、匹配、协作的促进关系，这种关系的实质就是作业协同过程，其具体表现形式为

$$\begin{array}{c}\ \ \ x'\ \ y'\ \ z'\\[2pt]\begin{array}{c}x'\\y'\\z'\end{array}\begin{bmatrix}1&1&1\\1&1&0\\1&0&1\end{bmatrix}\end{array} \tag{7-16}$$

式中，x'、y'、z' 分别代表协同采矿方法系统中的 3 个具体作业工序，作业自身或与其他作业之间只可能存在协同或不协同两种状态。

若作业 x' 与作业 y' 之间或自身存在上述具有协调、匹配、协作的协同关系，说明它们能够产生协同效应的有利影响，记为 1，若它们不存在上述关系，则该作业 x' 行 y' 列为 0。x' 与 y' 关系能直观表达具体作业之间是否存在协同关系，进而得到对应的协同相关矩阵 $\boldsymbol{\mu}=[Q_u,Q_v]_{n\times n}=(\mu_{uv})_{n\times n}$，需要强调的是，若 x' 与 y' 协同，那么 y' 与 x' 也能构成协同，所以协同矩阵是对称矩

阵，具体表达如式(7-17)所示：

$$\mu = \begin{bmatrix} \mu_{11} & \mu_{12} & \cdots & \mu_{1v} & \cdots & \mu_{1u} & \cdots & \mu_{1n} \\ \mu_{21} & \mu_{22} & \cdots & \mu_{2v} & \cdots & \mu_{2u} & \cdots & \mu_{2n} \\ \vdots & \vdots & & \vdots & & \vdots & & \vdots \\ \mu_{v1} & \mu_{v1} & \cdots & \mu_{vv} & \cdots & \mu_{vu} & \cdots & \mu_{vn} \\ \vdots & \vdots & & \vdots & & \vdots & & \vdots \\ \mu_{u1} & \mu_{u2} & \cdots & \mu_{uv} & \cdots & \mu_{uu} & \cdots & \mu_{un} \\ \vdots & \vdots & & \vdots & & \vdots & & \vdots \\ \mu_{n1} & \mu_{n2} & \cdots & \mu_{nv} & \cdots & \mu_{nu} & \cdots & \mu_{nn} \end{bmatrix} \qquad (7\text{-}17)$$

$$\mu_{uv} = \begin{cases} 1, & \text{作业}u\text{与作业}v\text{协同} \\ 0, & \text{作业}u\text{与作业}v\text{非协同} \end{cases} \qquad (7\text{-}18)$$

式中，μ_{uv} 或 μ_{vu} 指作业 u 与作业 v 两者之间的协同组合可行性，且其组合是有助于协同目标的；其中，$\mu_{uv} = \mu_{vu}$，则协同相关矩阵是对称矩阵，若 $u = v$，则 μ_{uv} 代表该作业自身的协同属性或该作业不与其他作业相协同，作为回采工作过程中不可或缺的部分。

若某一子系统元素与该层子系统元素参与协同运行，$h(u,v)$ 为 Q_u 与所关联系统 Q_v 协同链的一个节点，所有协同节点总数为 k，则 Q_u 上子系统协同链上的节点集合为 $h = \{(Q_u, Q_1),(Q_u, Q_2),\cdots,(Q_u, Q_k)\}$，$k \leqslant n$。设具有协同效应的协同中心点个数为 k_u，则采矿方法子系统间或底层元素协同熵为

$$H(Q_u) = -\frac{k_u}{k}\ln\frac{k_u}{k} \qquad (u = 1, 2, \cdots, n) \qquad (7\text{-}19)$$

协同分为系统内协同和系统间协同，因此协同熵也存在内部协同熵和系统间协同熵。对于协同采矿方法系统结构而言，底层元素只考虑元素间协同熵即可，二级子系统则需考虑系统间的协同熵，因此协同采矿方法底层元素协同熵 $H(Q_{ijd})$ 与二级子系统间协同熵 $H_1(Q_{ij})$ 为

$$H(Q_{ijd}) = H_1(Q_{ij}) = -\frac{k_u}{k}\ln\frac{k_u}{k} \quad (i, d, u = 1, 2, \cdots, n; \ j = 1, 2, \cdots, m) \qquad (7\text{-}20)$$

协同采矿方法二级子系统内部协同熵总值 $H_2(Q_{ij})$ 为

$$H_2(Q_{ij}) = -\sum_{u=1}^{k} \omega_{ijd} \frac{k_u}{k} \ln \frac{k_u}{k} \quad (u = 1, 2, \cdots, n) \tag{7-21}$$

式中，ω_{ijd} 为底层元素各指标权重。

则协同采矿方法二级子系统的协同总熵为

$$H(Q_{ij}) = H_1(Q_{ij}) + H_2(Q_{ij}) \quad (i = 1, 2, \cdots, n; \ j = 1, 2, \cdots, m) \tag{7-22}$$

若 $H(Q_{ijd})_{\max}$ 为元素层的最大协同熵，即该系统层级最大的偏离程度，$C(Q_{ijd})$ 为该元素 Q_{ijd} 与其他元素之间的协同度，则其协同度 $C(Q_{ijd})$ 为

$$C(Q_{ijd}) = 1 - \frac{H(Q_{ijd})}{H(Q_{ijd})_{\max}} \quad (i, d = 1, 2, \cdots, n; \ j = 1, 2, \cdots, m) \tag{7-23}$$

二级子系统间的协同度 $C_1(Q_{ij})$ 为

$$C_1(Q_{ij}) = 1 - \frac{H_1(Q_{ij})}{H_1(Q_{ij})_{\max}} \quad (i = 1, 2, \cdots, n; \ j = 1, 2, \cdots, m) \tag{7-24}$$

式中，$H_1(Q_{ij})_{\max}$ 为二级子系统间最大协同熵。

二级子系统内的协同度 $C_2(Q_{ij})$ 为

$$C_2(Q_{ij}) = \sum_{d=1}^{n} \omega_{ijd} H(Q_{ijd}) \quad (i, d = 1, 2, \cdots, n; \ j = 1, 2, \cdots, m) \tag{7-25}$$

因此，二级子系统整体协同度 $C(Q_{ij})$ 为

$$C(Q_{ij}) = 1 - \frac{H_1(Q_{ij}) + H_2(Q_{ij})}{\left[H_1(Q_{ij}) + H_2(Q_{ij})\right]_{\max}} \quad (i = 1, 2, \cdots, n; \ j = 1, 2, \cdots, m) \tag{7-26}$$

式中，$\left[H_1(Q_{ij}) + H_2(Q_{ij})\right]_{\max}$ 为二级子系统整体最大协同熵。

根据二级子系统协同度可得一级子系统协同度 $C(Q_i)$ 为

$$C(Q_i) = \sum_{j=1}^{m} \omega_j C(Q_{ij}) \quad (i = 1, 2, \cdots, n; \ j = 1, 2, \cdots, m) \tag{7-27}$$

式中，ω_j 为二级子系统各指标组合权重。

系统最终协同度 $C(Q)$ 为

$$C(Q) = \sum_{i=1}^{n} \omega_i C(Q_i) \quad (i = 1, 2, \cdots, n) \tag{7-28}$$

式中，ω_i 为一级子系统各指标组合权重。

目前有关系统协同度等级的划分没有绝对标准，但协同度位于[0,1]区间被广泛认可，0 表示毫不协同，1 表示完全协同，结合协同采矿方法的实际情况，系统间协同度等级划分标准见表 7-2。

表 7-2　系统间协同度等级划分标准

等级范围	[0, 0.2]	(0.2, 0.4]	(0.4, 0.55]	(0.55, 0.7]	(0.7, 0.85]	(0.85, 1]
协同评价	不协同	轻度不协同	弱协同	基本协同	良好协同	高度协同

2. 权重赋值

在对系统进行评价时，评价指标之间在系统中所起的重要作用是不同的。评价指标之间的相对重要性大小，通常用权重系数来描述。假设 ω_t 是评价指标 x_t 的权重系数，则有 $\omega_t \geqslant 0$（$t = 1, 2, \cdots, m$），$\sum_{t=1}^{m} \omega_t = 1$。

当评价对象和评价指标值已知时，权重系数最终决定了评价结果。

权重系数的确定方法有很多，分为主观赋权法和客观赋权法。主观赋权法使用较广的主要有德尔菲法(专家咨询法)、层次分析法(AHP 法)等；客观赋权法主要有相关系数法、坎蒂雷赋权法、熵值法等。为保证评价结果的可靠性，协同采矿方法的协同度测度评价权重系数的确定采用组合赋权法(主观赋权 ω_i^a，客观赋权 ω_i^b)，即改进的层次分析法—熵权法的组合赋权法。

1)基于改进的层次分析法的主观权重确定

改进的层次分析法首先由专家给出各层次指标的相对重要程度排序，其次将排序结果转化为判断矩阵，最后再计算权重。较常规层次分析法，改进的层次分析法评价分析更准确，且操作上更简捷、容易，无须进行判断矩阵一次性检验[7]。具体如下所述。

构造判断矩阵后，设两指标分别排在 a' 和 b'，若 $a' > b'$，则两者有比较值 $1/(a' - b' + 1)$；若 $a' < b'$，则比较值为 $b' - a' + 1$，具体可用下列矩阵来

描述：

$$A[C] = \begin{bmatrix} a_{11}^C & a_{12}^C & \cdots & a_{1m}^C \\ a_{21}^C & a_{22}^C & \cdots & a_{2m}^C \\ \vdots & \vdots & & \vdots \\ a_{m1}^C & a_{m2}^C & \cdots & a_{mm}^C \end{bmatrix} \quad (C=1, 2, \cdots, n) \tag{7-29}$$

式中，$A[C]$ 为对 n 个评价指标构造的判断矩阵；m 为评价指标个数；C 为专家人数；$a_{ij}^C(i, j = 1, 2, \cdots, m)$ 为第 C 位专家给出的评价指标 x_i^C 相对 x_j^C 重要程度的比较值，其值越大，说明前者较后者越重要。在上述矩阵中，a_{ij}^C 为矩阵上三角元素；a_{mm}^C 为矩阵主对角线元素；a_{ji}^C 为矩阵下三角元素且有 $a_{ij}^C > 0$，$a_{ii}^C = 1$，$a_{ij}^C = \dfrac{1}{a_{ji}^C}$（$i, j = 1, 2, \cdots, m$）。

求出 $A[C]$ 的最大特征根所对应的特征向量 ω_i^C（$i = 1, 2, \cdots, m$），即可得各指标的相对权重。

综合得出各指标的主观权重为

$$\omega_i^a = \frac{\displaystyle\sum_{C=1}^{N} \omega_i^C}{N} \quad (i = 1, 2, \cdots, m) \tag{7-30}$$

其排序可按照表 7-3 所示的方式进行。

表 7-3 指标排序参考表

	一级指标	重要程度排序			二级指标	重要程度排序		
		专家 1	专家 2	专家 3		专家 1	专家 2	专家 3
协同采矿方法系统协同度	采场结构协同度				采场型式协同度			
					结构参数协同度			
					采准工程协同度			
					切割工程协同度			
	采场回采工作协同度				地压控制协同度			
					落矿与矿石运搬协同度			

2)熵值法确定客观权重

在求客观权重前，针对 m 项指标，需计算各指标的输出熵，第 i 项指标输出熵 H_{iE} 的计算公式为

$$H_{iE} = -\frac{1}{\ln n}\sum_{i=1}^{n}\frac{g_i}{g}\ln\frac{g_i}{g} \quad (i=1,2,\cdots,n) \tag{7-31}$$

由 $0 \leqslant \dfrac{g_i}{g} \leqslant 1$，那么 $0 \leqslant \sum\limits_{i=1}^{n}\dfrac{g_i}{g}\ln\dfrac{g_i}{g} \leqslant \ln n$，于是有 $0 \leqslant H_{iE} \leqslant 1 (i=1,2,\cdots,n)$。

进而，求得差异系数 λ 为

$$\lambda = 1 - H_{iE} \tag{7-32}$$

因此，各指标的客观权重 ω_i^b 为

$$\omega_i^b = \frac{1-H_{iE}}{m-\sum\limits_{i=1}^{m}H_{iE}} \quad (i=1,2,\cdots,m) \tag{7-33}$$

显然，$0 \leqslant \omega_i^b \leqslant 1$，$\sum\limits_{i=1}^{m}\omega_i^b = 1$。

3)最终组合权重

最终组合权重既考虑了决策者的偏好，又不失评价的客观性，且组合权重对主、客观权重具有一定的修正作用。此处采用乘法合成法计算各指标的权重系数，即对应主、客观权重相乘，然后进行归一化处理[9]。具体计算公式可表示为

$$\omega_i = \frac{\omega_i^a \times \omega_i^b}{\sum\limits_{i=1}^{m}\omega_i^a \times \omega_i^b} \quad (i=1,2,\cdots,m) \tag{7-34}$$

式中，ω_i 为主观权重和客观权重的组合权重。

7.5　协同采矿方法的协同度测度评价过程与结果

7.5.1　协同度测度评价过程

以电耙–爆力协同运搬伪倾斜房柱式采矿法为例，来阐述协同采矿方法协

同熵评价过程。

1. 电耙–爆力协同运搬伪倾斜房柱式采矿法内的协同效应

电耙–爆力协同运搬伪倾斜房柱式采矿法在矿石运搬方面存在典型的协同特征，该协同采矿方法根据电耙和爆力运搬距离，将采场划分为爆力运矿区和电耙运矿区，进而引起采场结构的变化，主要表现在采场结构参数的变化；此外，采准工程与切割工程随之进行相应的调整。

围绕电耙与爆力运搬协同，对采场整体结构三维尺寸和局部结构三维尺寸、采准工程与切割工程、地压控制等都进行了适当的协调优化，以辅助矿石运搬。

2. 协同指标权重确定

指标权重的确定由客观权重和主观权重两部分组成，邀请 3 位专业专家对各级评价指标按照协同度程度进行排序，即认为该指标协同度高的排靠前，反之排后。

根据 3 位专家排序情况，得到指标排序表(表 7-4)。

表 7-4　专家给出的指标排序

	一级指标	重要程度排序			二级指标	重要程度排序		
		专家 1	专家 2	专家 3		专家 1	专家 2	专家 3
协同采矿方法系统协同度	采场结构协同度	2	2	1	采场型式协同度	1	2	1
					结构参数协同度	2	1	2
					采准工程协同度	3	3	3
					切割工程协同度	4	4	4
	采场回采工作协同度	1	1	2	地压控制协同度	2	2	2
					落矿与矿石运搬协同度	1	1	1

根据专家给出的指标排序方案和改进的层次分析法，将排序转换为一级指标判断矩阵和二级指标判断矩阵，分别见表 7-5 和表 7-6。

表 7-5　一级指标判断矩阵

(1) 专家 1 的判断矩阵		
	采场结构协同度	采场回采工作协同度
采场结构协同度	1	1/2
采场回采工作协同度	2	1
(2) 专家 2 的判断矩阵		
	采场结构协同度	采场回采工作协同度
采场结构协同度	1	1/2
采场回采工作协同度	2	1
(3) 专家 3 的判断矩阵		
	采场结构协同度	采场回采工作协同度
采场结构协同度	1	2
采场回采工作协同度	1/2	1

对应的一级指标判断矩阵分别为

$$\boldsymbol{D}_{a1} = \begin{bmatrix} 1 & 1/2 \\ 2 & 1 \end{bmatrix}, \quad \boldsymbol{D}_{b1} = \begin{bmatrix} 1 & 1/2 \\ 2 & 1 \end{bmatrix}, \quad \boldsymbol{D}_{c1} = \begin{bmatrix} 1 & 2 \\ 1/2 & 1 \end{bmatrix}。$$

计算得矩阵 $\boldsymbol{D}_{a1}$、$\boldsymbol{D}_{b1}$、$\boldsymbol{D}_{c1}$ 最大特征根对应的特征向量为：$\omega_i^{a1} = \omega_i^{b1} = (0.4472, 8944)$，$\omega_i^{c1} = (0.8944, 0.4472)$。

归一化后利用式(7-30)计算各一级指标的相对主观权重分别为：0.4444 和 0.5556。

表 7-6　二级指标判断矩阵

(1) 专家 1 的判断矩阵				
	采场型式协同度	结构参数协同度	采准工程协同度	切割工程协同度
采场型式协同度	1	2	3	4
结构参数协同度	1/2	1	1	3
采准工程协同度	1/3	1/2	1	2
切割工程协同度	1/4	1/3	1/2	1
	地压控制协同度		落矿与矿石运搬协同度	
地压控制协同度	1		1/2	
落矿与矿石运搬协同度	2		1	

续表

(2) 专家 2 的判断矩阵			
	采场型式协同度	结构参数协同度	采准工程协同度	切割工程协同度
采场型式协同度	1	1/2	2	3
结构参数协同度	2	1	3	4
采准工程协同度	1/2	1/3	1	2
切割工程协同度	1/3	1/4	1/2	1

	地压控制协同度	落矿与矿石运搬协同度
地压控制协同度	1	1/2
落矿与矿石运搬协同度	2	1

(3) 专家 3 的判断矩阵			
	采场型式协同度	结构参数协同度	采准工程协同度	切割工程协同度
采场型式协同度	1	2	3	4
结构参数协同度	1/2	1	1	3
采准工程协同度	1/3	1/2	1	2
切割工程协同度	1/4	1/3	1/2	1

	地压控制协同度	落矿与矿石运搬协同度
地压控制协同度	1	1/2
落矿与矿石运搬协同度	2	1

对应的二级指标判断矩阵分别为

$$D_{(1)21}=\begin{bmatrix}1&2&3&4\\1/2&1&1&3\\1/3&1/2&1&2\\1/4&1/3&1/2&1\end{bmatrix},\quad D_{(1)22}=\begin{bmatrix}1&1/2\\2&1\end{bmatrix};\quad D_{(2)21}=\begin{bmatrix}1&1/2&2&3\\2&1&3&4\\1/2&1/3&1&2\\1/3&1/4&1/2&1\end{bmatrix},$$

$$D_{(2)22}=\begin{bmatrix}1&1/2\\2&1\end{bmatrix};\quad D_{(3)21}=\begin{bmatrix}1&2&3&4\\1/2&1&1&3\\1/3&1/2&1&2\\1/4&1/3&1/2&1\end{bmatrix},\quad D_{(3)22}=\begin{bmatrix}1&1/2\\2&1\end{bmatrix};$$

计算得上述 6 个矩阵最大特征根对应的特征向量分别为

$$\omega_i^{(1)21}=(0.8389,0.4264,0.2910,0.1727),\quad \omega_i^{(1)22}=(0.4472,0.8944);$$

$\boldsymbol{\omega}_i^{(2)21}=(0.4826,0.8135,0.2787,0.1661)$，$\boldsymbol{\omega}_i^{(2)22}=(0.4472,0.8944)$；

$\boldsymbol{\omega}_i^{(3)21}=(0.8389,0.4264,0.2910,0.1727)$，$\boldsymbol{\omega}_i^{(3)22}=(0.4472,0.8944)$。

分别对 $\boldsymbol{\omega}_i^{(1)21}$、$\boldsymbol{\omega}_i^{(2)21}$、$\boldsymbol{\omega}_i^{(3)21}$ 和 $\boldsymbol{\omega}_i^{(1)22}$、$\boldsymbol{\omega}_i^{(2)22}$、$\boldsymbol{\omega}_i^{(3)22}$ 两组数据归一化处理后,利用式(7-30)计算各二级指标的相对主观权重分别为 0.4155、0.3205、0.1656、0.0984、0.3333、0.6667。

同理,综合得出二级指标相对于目标的权重(表 7-7)。

表 7-7　电耙-爆力协同运搬伪倾斜房柱式采矿法评价指标主观权重

一级指标	指标权重 ω_i^a	三级指标	指标权重 ω_j^a
采场结构协同度	0.4444	采场型式协同度	0.1847
		结构参数协同度	0.1424
		采准工程协同度	0.0736
		切割工程协同度	0.0437
采场回采工作协同度	0.5556	地压控制协同度	0.1852
		落矿与矿石运搬协同度	0.3704

3. 协同指标计算

根据图 7-21 及协同系统之间的协同关系,建立一级子系统 Q_1、Q_2 间的协同关系矩阵 $\boldsymbol{Z}=[Q_u,Q_v]_{2\times2}=(\mu_{uv})_{2\times2}$；二级子系统 Q_{11}、Q_{12}、Q_{13} 和 Q_{14} 之间的协同关系矩阵 $\boldsymbol{Z}_1=[Q_{1u},Q_{1v}]_{4\times4}=(\mu_{uv})_{4\times4}$，$Q_{21}$ 和 Q_{22} 之间的协同关系矩阵 $\boldsymbol{Z}_2=[Q_{2u},Q_{2v}]_{2\times2}=(\mu_{uv})_{2\times2}$；二级子系统构成元素 Q_{111} 和 Q_{112} 之间的协同关系矩阵 $\boldsymbol{Z}_3=[Q_{11u},Q_{11v}]_{2\times2}=(\mu_{uv})_{2\times2}$，构成元素 Q_{121} 和 Q_{122} 之间的协同关系矩阵 $\boldsymbol{Z}_4=[Q_{12u},Q_{12v}]_{2\times2}=(\mu_{uv})_{2\times2}$，构成元素 Q_{131}、Q_{132}、Q_{133}、Q_{134} 和 Q_{135} 之间的协同关系矩阵 $\boldsymbol{Z}_5=[Q_{13u},Q_{13v}]_{5\times5}=(\mu_{uv})_{5\times5}$，构成元素 Q_{141}、Q_{142} 和 Q_{143} 之间的协同关系矩阵 $\boldsymbol{Z}_6=[Q_{14u},Q_{14v}]_{3\times3}=(\mu_{uv})_{3\times3}$；构成元素 Q_{211}、Q_{212}、Q_{213} 和 Q_{214} 之间的协同关系矩阵 $\boldsymbol{Z}_7=[Q_{21u},Q_{21v}]_{4\times4}=(\mu_{uv})_{4\times4}$，构成元素 Q_{221}、Q_{222} 和 Q_{223} 之间的协同关系矩阵 $\boldsymbol{Z}_8=[Q_{22u},Q_{22v}]_{2\times2}=(\mu_{uv})_{2\times2}$。通过对该协同采矿方法的分解,该系统构成的所有协同相关矩阵如下:

$$Z = \begin{bmatrix} 1 & 1 \\ 1 & 1 \end{bmatrix}, \quad Z_1 = \begin{bmatrix} 1 & 1 & 0 & 0 \\ 1 & 1 & 1 & 0 \\ 0 & 1 & 1 & 0 \\ 0 & 0 & 0 & 1 \end{bmatrix}, \quad Z_2 = \begin{bmatrix} 1 & 1 \\ 1 & 1 \end{bmatrix}, \quad Z_3 = \begin{bmatrix} 1 & 0 \\ 0 & 1 \end{bmatrix}, \quad Z_4 = \begin{bmatrix} 1 & 1 \\ 1 & 1 \end{bmatrix},$$

$$Z_5 = \begin{bmatrix} 1 & 0 & 0 & 0 & 0 \\ 0 & 1 & 0 & 1 & 0 \\ 0 & 0 & 1 & 0 & 0 \\ 0 & 1 & 0 & 1 & 0 \\ 0 & 0 & 0 & 0 & 1 \end{bmatrix}, \quad Z_6 = \begin{bmatrix} 1 & 0 & 0 \\ 0 & 1 & 0 \\ 0 & 0 & 1 \end{bmatrix}, \quad Z_7 = \begin{bmatrix} 1 & 0 & 0 & 0 \\ 0 & 1 & 0 & 0 \\ 0 & 0 & 1 & 0 \\ 0 & 0 & 0 & 1 \end{bmatrix}, \quad Z_8 = \begin{bmatrix} 1 & 1 \\ 1 & 1 \end{bmatrix}。$$

　　根据协同熵评价打分与权重赋值模型，计算协同采矿方法系统底层元素的协同熵、协同度，结果见表 7-8～表 7-11。

表 7-8　系统底层元素的协同指标评价表

评价内容	Q_{111}	Q_{112}	Q_{121}	Q_{122}	Q_{131}	Q_{132}	Q_{133}	Q_{134}	Q_{135}
协同熵 $H(Q_{ijd})$	0.3466	0.3466	0	0	0.3219	0.3665	0.3219	0.3665	0.3665
协同度 $C(Q_{ijd})$	0.0543	0.0543	1	1	0.1217	0.0008	0.1217	0.1217	0
评价内容	Q_{141}	Q_{142}	Q_{143}	Q_{211}	Q_{212}	Q_{213}	Q_{214}	Q_{221}	Q_{222}
协同熵 $H(Q_{ijd})$	0.3662	0.3662	0.3662	0.3466	0.3466	0.3466	0.3466	0	0
协同度 $C(Q_{ijd})$	0	0.0008	0.0008	0.0543	0.0543	0.0543	0.0543	1	1

　　由式 (7-20) 得 Q_{111} 的协同熵为 $H(Q_{111}) = -(1/2)\ln(1/2) = 0.3466$，而表 7-8 中，系统底层元素协同熵的最大值为 $H(Q_{ijd})_{\max} = 0.3665$，结合式 (7-23) 得 Q_{111} 的协同度为 $C(Q_{111}) = 1 - H(Q_{111})/H(Q_{ijd})_{\max} = 1 - 0.3466/0.3665 = 0.0543$。同理，可计算其他系统底层元素协同熵和协同度。

　　根据式 (7-31) 计算各元素的输出熵 (表 7-9)。

表 7-9　系统底层元素的输出熵

评价内容	Q_{111}	Q_{112}	Q_{121}	Q_{122}	Q_{131}	Q_{132}	Q_{133}	Q_{134}	Q_{135}
输出熵 $(H_{i\!E})$	0.5001	0.5001	0	0	0.2000	0.2277	0.2000	0.2277	0.2277
差异系数 (λ)	0.4999	0.4999	1	1	0.8000	0.7723	0.8000	0.7723	0.7723
评价内容	Q_{141}	Q_{142}	Q_{143}	Q_{211}	Q_{212}	Q_{213}	Q_{214}	Q_{221}	Q_{222}
输出熵 $(H_{i\!E})$	0.3333	0.3333	0.3333	0.2500	0.2500	0.2500	0.2500	0	0
差异系数 (λ)	0.6667	0.6667	0.6667	0.7500	0.7500	0.7500	0.7500	1	1

根据表 7-9 中的差异系数值，由式(7-33)求得各指标的客观权重(表 7-10)。

表 7-10 电耙–爆力协同运搬伪倾斜房柱式采矿法评价指标客观权重

	一级指标	指标权重 ω_i^b	二级指标	指标权重 ω_j^b
协同采矿方法系统协同度	采场结构协同度	0.5689	采场型式协同度	0.0719
			结构参数协同度	0.1437
			采准工程协同度	0.2814
			切割工程协同度	0.0719
	采场回采工作协同度	0.3593	地压控制协同度	0.0719
			落矿与矿石运搬协同度	0.1437

结合表 7-7 和表 7-10，利用式(7-34)计算得到组合权重(表 7-11)。

表 7-11 电耙–爆力协同运搬伪倾斜房柱式采矿法评价指标组合权重

	一级指标	指标权重 ω_i	二级指标	指标权重 ω_j
协同采矿方法系统协同度	采场结构协同度	0.3820	采场型式协同度	0.0881
			结构参数协同度	0.1357
			采准工程协同度	0.1374
			切割工程协同度	0.0208
	采场回采工作协同度	0.6180	地压控制协同度	0.2649
			落矿与矿石运搬协同度	0.3531

由式(7-20)可得二级子系统间的 Q_{12} 的协同熵为 $H_1(Q_{12}) = -(3/4)\ln(3/4) = 0.2158$；同理，可计算本层级其他子系统间的协同熵(表 7-12)。

表 7-12 二级子系统内部协同指标

评价内容	Q_{11}	Q_{12}	Q_{13}	Q_{14}	Q_{21}	Q_{22}
协同熵 $H_1(Q_{ij})$	0.3466	0.2158	0.3466	0.3466	0	0
协同度 $C_1(Q_{ij})$	0	0.3774	0	0	1	1

由表 7-12 知，二级子系统间协同熵最大值 $H_1(Q_{ij})_{\max} = 0.3466$，结合式(7-24)得 Q_{12} 系统间的协同度为 $C_1(Q_{12}) = 1 - H_1(Q_{12})/H_1(Q_{ij})_{\max} = 1 - 0.2158/0.3466 = 0.3774$。同理，可计算本层级其他子系统间的协同度。

根据表 7-8、表 7-9 和表 7-11，结合式(7-21)和式(7-25)可得二级子系统 Q_{11} 的内部协同熵为 $H_2(Q_{11}) = 0.3466 \times \dfrac{0.4999}{0.4999 + 0.4999} \times 2 = 0.3466$；协同度为 $C_2(Q_{11}) = 0.0543 \times \dfrac{0.4999}{0.4999 + 0.4999} \times 2 = 0.0543$。同理，可计算得到其他二级子系统内部协同熵和协同度(表 7-13)。

表 7-13　二级子系统间协同指标

评价内容	Q_{11}	Q_{12}	Q_{13}	Q_{14}	Q_{21}	Q_{22}
协同熵 $H_2(Q_{ij})$	0.3466	0	0.3483	0.3662	0.3466	0
协同度 $C_2(Q_{ij})$	0.0543	1	0.0479	0.0008	0.0543	1

由式(7-22)可得二级子系统 Q_{11} 的整体协同熵为 $H(Q_{11}) = 0.3466 + 0.3466 = 0.6932$，根据式(7-26)可得 Q_{11} 的整体协同度为 $C(Q_{11}) = 1 - 0.6932/0.7128 = 0.0275$。

同理，可计算得到本层级其他子系统整体协同熵和协同度(表 7-14)。

表 7-14　二级子系统整体协同指标

评价内容	Q_{11}	Q_{12}	Q_{13}	Q_{14}	Q_{21}	Q_{22}
协同熵 $H(Q_{ij})$	0.6932	0.2158	0.6949	0.7128	0.3466	0
协同度 $C(Q_{ij})$	0.0275	0.6972	0.0251	0	0.5137	1

由式(7-27)可得一级子系统协同度为 $C(Q_1) = 0.2262$，$C(Q_2) = 0.7915$，利用式(7-28)可得协同采矿方法的整体协同度 $C(Q) = 0.2262 \times 0.3820 + 0.7915 \times 0.6180 = 0.5756$，对照协同等级划分表，则电耙–爆力协同运搬伪倾斜房柱式采矿法处于基本协同状态，其中采场结构处于轻度不协同状态，采场回采工作处于良好协同状态。

4. 案例采矿方法协同度测度评价结果

根据表 7-2 系统间协同度等级划分表，电耙–爆力协同运搬伪倾斜房柱式采矿法协同度及各子系统协同度计算结果如表 7-15 所示。

表 7-15 电耙–爆力协同运搬伪倾斜房柱式采矿法协同评价

评价内容	协同采矿方法系统				
协同评价	基本协同				
评价内容	采场结构			采场回采工作	
协同评价	轻度不协同			良好协同	
评价内容	采场型式	结构参数	采准工程	切割工程	地压控制	落矿与矿石运搬
协同评价	不协同	基本协同	不协同	不协同	弱协同	高度协同

从表 7-15 中可以看出，整个系统处于基本协同状态，其中采场结构协同度较低，处于轻度不协同状态；采场回采工作协同度较高，处于良好协同状态。采场型式、采准工程及切割工程均处于不协同状态，地压控制处于弱协同状态，而落矿与矿石运搬处于高度协同状态。总体而言，该协同采矿方法回采工作各项作业协调配合得较好，而采场结构方面则有待进一步提高；该方法可有效地提高矿山回采效率，增加产能。

总结电耙–爆力协同运搬伪倾斜房柱式采矿法处于基本协同状态的原因，主要有以下两个方面。

(1) 该协同采矿方法的创新点主要为回采工作进行过程中电耙与爆力配合运搬出矿，此时爆力运搬的实质是充分利用落矿时爆破动能将崩落矿石抛至电耙可耙区域，进而借助电耙将矿石耙出，因此决定了落矿与矿石运搬部分协同度最高，处于高度协同状态；当矿石运搬完成，需要设备将矿石运出，且运出速度与出矿速度相匹配，因此为了大量矿石能够合理有序、快速地运出，与出矿密切相关的井巷工程发生调整，而这一为辅助矿石运搬而进行的调整极有可能产生协同，但是对于矿石运搬而言，在整个采矿方法系统中与其息息相关的井巷工程较少，导致采准工程与切割工程协同度较低；同样，采用电耙–爆力运搬扩大了采场尺寸，使得采场整体结构三维尺寸和局部结构三维尺寸有所优化，所以结构参数协同度较高，鉴于结构三维尺寸改变未影响采场型式的调整，因此采场型式协同度也不高。

(2) 采场结构和采场回采工作的协同度由其下层子系统的协同熵和协同度与两者间的协同熵综合决定，若采场结构或采场回采工作仅某一方面协同度高，也不能促使采矿方法整体达到更高水平的协同。例如，地压控制处于弱协同状态，落矿与矿石运搬处于高度协同状态，但是采场回采工作处于良好协同状态，位于弱协同与高度协同之间，所以要想实现高度协同，需要各方面的高度配合，当采矿方法各方面围绕协同环节达到较高协同状态时，才能实现采矿方法整体的高度协同。结合本采矿方法,假使矿石运搬协同的主要目的是提高生产效率,则采场结构方面在进行调整和优化的各项工作应该与提高生产效率相匹配,这样采场结构与回采工作联系才更为紧密,才能达到更高水平的协同。

7.5.2 19 种协同采矿方法协同度测度评价结果

同电耙–爆力协同运搬伪倾斜房柱式采矿法案例协同评价计算过程,得到 19 种协同采矿方法测度评价结果(表 7-16)。

表 7-16 19 种协同采矿方法协同评价汇总表

协同采矿方法	采场结构协同度	采场回采工作协同度	采矿方法系统整体协同度	综合评价
采场台阶布置多分支溜井共贮矿段协同采矿方法	0.7247	0.8736	0.8594	高度协同
电耙–爆力协同运搬伪倾斜房柱式采矿法	0.2262	0.7915	0.5756	基本协同
一种缓倾斜薄矿体采矿方法	0.1832	0.6821	0.5602	基本协同
浅孔凿岩爆力–电耙协同运搬分段矿房采矿法	0.7852	0.7760	0.7802	良好协同
分段凿岩并段出矿分段矿房法	0.7625	0.4786	0.7123	良好协同
卡车协同出矿分段凿岩阶段矿房法	0.3756	0.7798	0.7004	良好协同
协同空区利用的采矿环境再造无间柱分段分条连续采矿法	0.8793	0.7991	0.8653	高度协同
一种地下矿山井下双采场协同开采的新方法	0.7853	0.2116	0.5703	基本协同
柔性隔离层充当假顶的分段崩落协同采矿方法	0.2350	0.7386	0.6589	基本协同
卡车协同出矿有底柱分段崩落法	0.1795	0.7936	0.5698	基本协同
立体分区大量崩矿采矿方法	0.7839	0.3176	0.6530	基本协同
一种连续崩落采矿方法	0.2337	0.7064	0.5664	基本协同
大量放矿同步充填无顶柱留矿采矿法	0.4788	0.8015	0.7326	良好协同
垂直孔与水平孔协同回采的机械化分段充填采矿法	0.3154	0.7601	0.5725	基本协同
分条间柱全空场开采嗣后充填协同采矿法	0.8763	0.7812	0.8503	高度协同
组合再造结构体中深孔落矿协同锚索支护嗣后充填采矿方法	0.8026	0.7495	0.7751	良好协同
底部结构下卡车直接出矿后期放矿充填同步水平深孔留矿法	0.2650	0.7385	0.7526	良好协同
厚大矿体无采空区同步放矿充填采矿方法	0.8957	0.8043	0.8621	高度协同
垂直深孔两次放矿同步充填阶段采矿法	0.6351	0.7532	0.7142	良好协同

表 7-16 中协同采矿方法处于基本协同状态的有 8 种，良好协同状态的有 7 种，剩余 4 种处于高度协同状态。

处于高度协同状态的协同采矿方法，在采场结构和采场回采工作两方面的协同度均较高，且采场结构与采场回采工作联系紧密，如采场台阶布置多分支溜井共贮矿段协同采矿方法、协同空区利用的采矿环境再造无间柱分段分条连续采矿法、分条间柱全空场开采嗣后充填协同采矿法、厚大矿体无采空区同步放矿充填采矿法。以采场台阶布置多分支溜井共贮矿段协同采矿方法为例，多层矿体采场台阶式布置与多分支溜井扇形布置使得采场结构处于协同度为 0.7247 的良好协同状态，而多分支溜井合作、协调放矿使得采场回采工作处于协同度为 0.8736 的高度协同状态，最终协同采矿方法整体协同度达到 0.8594 的高度协同状态。

处于良好协同状态的协同采矿方法，存在两种情况：一种是采场结构和采场回采工作协同度比较均衡，如浅孔凿岩爆力–电耙协同运搬分段矿房采矿法、组合再造结构体中深孔落矿协同锚索支护嗣后充填采矿方法、垂直深孔两次放矿同步充填阶段采矿法，以浅孔凿岩爆力–电耙协同运搬分段矿房采矿法为例，其采场结构协同度为 0.7852，采场回采工作协同度为 0.7760，最终该协同采矿方法整体协同度为 0.7802；另一种是采场结构和采场回采工作协同度差别比较大的，即某一方面协同度特别高，另一方面协同度较低，如分段凿岩并段出矿分段矿房采矿法、卡车协同出矿分段凿岩阶段矿房法、大量放矿同步充填无顶柱留矿采矿法、底部结构下卡车直接出矿后期放矿充填同步水平深孔留矿法，以分段凿岩并段出矿分段矿房采矿法为例，采场不规则布置使其采场结构处于协同度为 0.7625 的良好协同状态，采场回采工作处于协同度为 0.4786 的弱协同状态，最终协同采矿方法整体协同度处于协同度为 0.7123 的良好协同状态。

处于基本协同状态的协同采矿方法，通常只在某一方面具有较好的协同度，而在另一方面基本处于不协同或者轻度不协同状态，如电耙–爆力协同运搬伪倾斜房柱式采矿法、一种缓倾斜薄矿体采矿方法、一种地下矿山井下双采场协同开采的新方法、柔性隔离层充当假顶的分段崩落协同采矿方法、卡车协同出矿有底柱分段崩落法、立体分区大量崩矿采矿方法、一种连续崩落采矿方法、垂直孔与水平孔协同回采的机械化分段充填采矿法。以电耙–爆力协同运搬伪倾斜房柱式采矿法为例，虽然电耙–爆力运搬的协同使其采场回采工作处于协同度为 0.7915 的良好协同状态，但采场结构处于协同度为 0.2262 的轻度不协同状态，最终协同采矿方法整体处于基本协同状态。

协同采矿方法协同度的高低，是由采场结构和采场回采工作两大方面的协同共同决定，单方面的协同只能决定采矿局部环节的协同度。整体协同度高的协同采矿方法，通常其矿块生产能力、生产效率、矿石损失率、矿石贫化率等各项经济技术指标较优；单方面协同度高的协同采矿方法，能够改善某一方面的协同采矿方法的经济技术指标，采场结构的协同涉及采场生产能力等经济技术指标，采场回采工作协同关系到掌子面工效、采场凿岩台班效率、损失率、贫化率、采矿直接成本等经济技术指标。工程中，可依照协同度高低指导矿山生产。

参 考 文 献

[1] 陈爱祖, 唐雯, 张冬丽. 系统运行绩效评价研究[M]. 北京: 科学出版社, 2009.

[2] 黄传峰. 同质竞争系统的拓扑结构与演化模型研究[M]. 北京: 科学出版社, 2016.

[3] 阎颐. 大物流工程项目类制造系统供应链协同及评价研究[D]. 天津: 天津大学, 2007.

[4] 胡洁. 物流标准化系统协同度评价研究[D]. 北京: 北京交通大学, 2012.

[5] 李忱, 田杨萌. 科学技术与管理的协同关联机制研究[J]. 中国软科学, 2001, 16(5): 57-62.

[6] 张树义. 协同进化(一)——相互作用与进化理论[J]. 生物学通报, 1996, 31(11): 35-36.

[7] 郭亚军. 综合评价理论、方法及应用[M]. 北京: 科学出版社, 2007.

[8] 陈守煜. 多目标决策模糊集理论与模型[J]. 系统工程理论与实践, 1992, 12(1): 7-13.

[9] 张云天, 杨瑞成, 陈奎. 生物医药材料评价指标的组合赋权模型研究[J]. 功能材料, 2007, 38(S1): 1973-1976.

第8章　协同采矿方法的创新思维与创新技法

8.1　创新思维与创新技法对采矿方法创新的助推作用

创新是人类的永恒主题，特别是在我国现阶段国民创新能力明显不足的情况下，对于创新问题的研究和思考显得更为重要[1]。

采矿方法的创新活动，既需要创新思维引导，也需要一定的技巧与方法，即创新技法。

了解创新思维与创新技法，可以激发人们的创新热情，避免创新活动过程中的盲目性，其根本作用在于按照一定的科学规律启迪人们的创新性思维，提高人们的创新效率，促进创新成果的产出。

通过归纳总结现有协同采矿方法的创新思维与创新技法，在此基础上进一步熟悉与吸收，有助于读者理解现有协同采矿方法的创新活动过程；有助于激励我国采矿工程从业者开发出更多的新型采矿方法；同时，对于推动我国采矿技术水平的根本性进步也具有积极的指导意义。

8.2　工程类常用的几种创新思维与创新技法

8.2.1　创新思维与创新技法的关系

创新思维是设计者为满足社会客观需求而产生的内在驱使力与创新活动的外在动力相结合，在科学理论与设计方法的指导下，在创新活动中表现出来的一种具有独创的能从捕捉瞬间灵感和想象中产生新成果的高级复杂的思维活动[2]。

创新技法是人们借鉴大量成功的创新实例，研究其获得成功的思路历程，经过分析、归纳、总结，寻其规律和方法以供人们自主创新。

创新思维是一切创新活动和结果的前提，每一种创新技法的产生均以一定的创新思维规律为基础[3]。发明创造的成果是创新思维的结晶，发明创造总是和创新思维联系在一起，创新思维是整个创造活动的实质和核心。

8.2.2　工程类常用的创新思维与创新技法的对应关系

基于文献[4]、[5]，归纳统计了当前工程类常用的组合创新、移植创新和逆反创新 3 种创新思维及其对应的创新技法，见表 8-1。

表 8-1　工程类常用的创新思维与创新技法

创新思维	创新技法	
组合创新思维	组合法	主体附加法
		同物组合法
		异物组合法
		重组组合法
	形态分析法	—
	信息交合法	—
移植创新思维	移植法	原理移植
		方法移植
		结构移植
		环境移植
	类比法	直接类比法
		仿生类比法
		因果类比法
		综合类比法
逆反创新思维	逆向思考法	—
	反求工程法	—

注："—"表明该创新技法不再细分。

8.2.3　工程类常用的创新思维

组合创新思维指两个或两个以上的事物或产品组合在一起的思维。随着科学技术的不断推进，技术发展趋势已由单项突破转向多项组合，独立的技术发明相对减少，组合型的技术创新相对增多。组合创新思维是创新思维的主要形式之一。

移植创新思维指依据技术对象的相似性，把某一学科领域中的原理、规律、方法、知识、技术和功能等运用到另一学科领域去研究问题，形成新的技术手段和技术成果的思维[6,7]。移植是通过相似联想、相似类比，从表面上看似乎是毫无联系或者相同点的对象之间发现它们的共同点，从而用相同的方法加以研究。

逆反创新思维又称逆向思维，即从常规思维的相反一面去看待事物，解脱思想的禁锢，探求常规思维解决不了的问题，形成独特创新事物或产品的思维。世界上不存在绝对的逆向思维模式，当一种公认的逆向思维模式被大多数人掌握并应用时，它也就变成了正向思维模式[8]。

8.2.4　工程类常用的创新技法

1. 基于组合创新思维的创新技法

1) 组合法

组合法是一种在确定的整体目标下，通过不同原理、不同技术、不同方法、不同事物和不同现象的有机组合，获得发明设想的创新技法。美国科学家吉尔伯特·基万森在《发明的科学和艺术》一书中，把组合发明放在他概括出的 7 类发明方式的首位，并把组合法作为最重要、最有效的创新技法加以介绍[9]。由此可见，该方法在创新领域确实具有相当大的效力及作用。常用的有主体附加法、异物组合法、同物组合法、重组组合法[10]。

主体附加法即以某一事物为主体，再添加另一附属事物以实现组合创造的一种创新技法。其运用要点是确定主体的附加目的，并根据附加目的确定附属物。这种方法的创新主要在于附属物的选择是否独特，从而使主体产生新的功能和价值。

异物组合法即将两种或两种以上不同种类的事物进行组合以产生新事物的一种创新技法。其特点是：第一，组合对象来自不同方面，一般无主次关系；第二，组合过程中，参与组合的对象从原理、构造、成分、功能、意义等方面可以互补或相互渗透，产生"1+1>2"的价值，整体变化显著；第三，异物组合是异物求同，因而创新性较强。

同物组合法即将若干相同或相近的事物通过数量增加或简单叠合产生新事物的一种创新技法。其创新目的是在保持事物原有功能和意义的前提下，通过增加数量来弥补不足、产生新的意义或满足新的需求，从而产生新的价值。其创新的关键在于观察和思考事物的哪些部分可以独立使用，自组后能否产生新的意义及满足新的需求。

重组组合法即将原有事物或组合进行分解，然后按照新的目标以新的方式进行重组，从而达到创新目的的一种创新技法。重组组合是对同一事物进行分解后再组合，一般不添加新内容。然而，通过重组改变各组成部分在事物中的位置，能有效优化事物性能。

2）形态分析法

形态分析法又称形态分析组合法，是瑞典天文学家 Zwicky[11]基于 1957 年提出的。在参与火箭研制的过程中，他利用排列组合的原理，提出了"形态分析法"。他以火箭的组成部件为要素，对各要素的可能形态进行了组合，得到了 576 种火箭构造方案。因此，形态分析法可理解为是针对确定的创新对象或产品，构思其可能的方案，并从中选择相对最优方案的一种方法。

3）信息交合法

信息交合法又称"魔球"理论"信息反应场法"，由我国学者徐国泰提出，内容是将物体的总体信息分解成若干要素，对该物体与人类各种实践活动相关的用途进行要素分解，用坐标法将两种信息要素连成信息标 X 轴与 Y 轴，构成"信息反应场"，信息标上信息相互交合，形成许多新的信息、新的组合、新的设想，以供选择方案之用。该方法主要用于创意构思阶段。

2. 基于移植创新的创新技法

1）移植法

移植法即移植创新原理的最直接体现，是将某一学科或领域中的原理、技术或方法等应用于其他学科或领域之中，从而实现创新目标的一种创新技法。

常用的移植法又分为原理移植、方法移植、结构移植、环境移植。

原理移植是将某一领域的技术原理有意识地向新的研究领域推广。

方法移植是将某一领域或学科解决问题的途径和手段移植到另一领域或学科。

结构移植是将某一事物的结构形式或结构特征移植到另一事物，是结构变革的基本途径之一。

环境移植是指事物本身不发生改变，而是将其"原封不动"地搬到其他领域从而产生新的使用价值。

2）类比法

类比法即一种通过比较客观事物来实现创新的方法，更准确地说，是按照一定的标准和尺度，与相关事物进行比较和对比，进而把握未来事物的二次创新。常用的类比法有直接类比法、仿生类比法、因果类比法和综合类比法。

直接类比是指创新者从自然界或现有技术成果中，找出与创新对象相类似的事物、现象或方法进行比较，并从中获得灵感，从而发明设计出新事物或新产品。例如，钢筋混凝土结构就是根据植物根系在土壤中的结构和原理创新得到的。

仿生类比即创新者通过模仿自然界生物的结构和功能等，提出新的事物或产品。例如，机器人就是模仿人体的构造而实现的。

因果类比是指两事物的属性之间可能存在相同的因果关系，从而可以由其中某一事物的因果关系来推断出另一事物的因果关系。

综合类比即创新者按某一事物各要素的多层关系与综合相似的另一事物进行类比，从而产生创新产品。

3. 基于逆反创新的创新技法

1)逆向思考法

逆向思考法是一种典型的逆反创新法，是一种从原理机制的反面、构成要素的反面或现有事物功能结构的反面进行思考的创新技法。不同于人们平常的顺向习惯，它沿着事物的反面，用反向探求的思维方式来解决问题。

2)反求工程法

反求工程又称逆向工程，指以社会方法为指导，以现代设计理论、方法、技术为基础，对已有产品进行解剖、分析、重构和再创造[12]。正向设计是从未知到已知，从抽象到具体的过程；反求工程则是一个产品引进、消化、吸收、创新的过程。利用反求工程法可尽可能缩短产品设计、加工及制造的总周期。

8.3　各协同采矿方法的创新思维与创新技法

1)采场台阶布置多分支溜井共贮矿段协同采矿方法

该采矿方法的创新思维主要运用了组合创新思维；创新技法主要运用了组合法中的同物组合法和异物组合法。创新出矿结构中，通过增加溜矿段来联系各矿层，以弥补溜矿功能的不足并便于各矿层协同出矿，属同物组合法；各溜矿段与溜矿井的贮矿段进行组合，便于汇聚各矿层回采矿石并后续放出，属异物组合法。

2) 电耙–爆力协同运搬伪倾斜房柱式采矿法

该采矿方法的创新思维主要运用了组合创新思维；创新技法主要运用了组合法中的主体附加法和同物组合法。以采用电耙运搬的伪倾斜房柱采矿法为主体，将爆力运搬方式作为附属物添入其中，使回采矿房中的矿石在爆力运搬、电耙运搬方式的联合作用下顺利进入溜矿井，属主体附加法；爆力运搬方式、电耙运搬方式同物组合，形成联合运搬方式，运搬作业协同，属同物组合法。

3) 一种缓倾斜薄矿体采矿方法

该采矿方法的创新思维主要运用了组合创新思维和移植创新思维；创新技法主要运用了组合法中的异物组合法及类比法中的直接类比法。从煤矿开采领域将煤块划分为条带进行直接类比，将适用于煤矿开采领域的条带式开采植入开采煤系地层覆盖下多层缓倾斜薄矿体(金属矿)的领域，进行机械化条带式开采，属直接类比法；在条带式矿房回采完毕后，部分充填采空区，随后进行爆破作业，崩落上覆围岩，切顶充填采空区，即围岩崩落与采空区充填协调并进，保证了矿石回采的安全性，属异物组合法。

4) 浅孔凿岩爆力–电耙协同运搬分段矿房采矿法

该采矿方法的创新思维主要运用了组合创新思维；创新技法主要运用了组合法中的主体附加法和同物组合法。类似于上述的电耙–爆力协同运搬伪倾斜房柱式采矿法，以采用电耙运搬的分段矿房采矿法为主体，将爆力运搬方式作为附属物添入其中，使得爆力运搬与电耙运搬协同作业，属主体附加法；随后两种运搬方式进行同物组合，形成了较为系统的矿石运搬方式，有助于矿房回采工艺中落矿与矿石运搬系统的协同，属同物组合法。

5) 分段凿岩并段出矿分段矿房采矿法

该采矿方法的创新思维主要运用了组合创新思维；创新技法主要运用了组合法中的同物组合法。以分段凿岩分段矿房采矿法为前提，借鉴深孔垂直落矿分段凿岩阶段矿房采矿法，视矿体禀赋情况将部分分段进行同物组合，结合分段矿房采矿法灵活性大、损失率与贫化率小及阶段矿房采矿法采准工程量小的优势，成了一种合并分段，即在需进行合并的各分段底部布置独立的出矿结构，使原本独立的各分段矿石经出矿结构后共用同一出矿平巷得以协同出矿。

6) 卡车协同出矿分段凿岩阶段矿房法

该采矿方法的创新思维主要运用了组合创新思维；创新技法主要运用了组合法中的主体附加法。以分段凿岩的阶段矿房采矿法为主体，将出矿能力较高的卡车作为附属物添入其中，突破了矿石转运的限制，采用卡车直接受矿，借助于无轨运输的优势使回采矿石过程中的落矿作业和矿石运搬作业能同步协调地进行，保证了矿石回采系统的协同性。

7) 协同空区利用的采矿环境再造无间柱分段分条连续采矿法

该采矿方法的创新思维主要运用了组合创新思维和逆反创新思维；创新技法主要运用了组合法中的重组组合法及基于逆反创新思维的逆向思考法。将较大规模采空区或复杂空区通过采矿环境再造的方式进行结构重组，划大采空区为小采空区或划连续采空区为孤立采空区，然后将小采空区或孤立采空区内嵌入矿山开采布局中加以利用，属重组组合法；另辟蹊径，逆反常规，将矿块划分为矿房和矿柱，先回采矿柱并以高配比水泥砂浆进行胶结充填再造采矿环境，再回采矿房并以低配比的水泥砂浆进行胶结充填，属逆向思考法。

8) 一种地下矿山井下双采场协同开采的新方法

该采矿方法的创新思维主要运用了组合创新思维；创新技法主要运用了组合法中的重组组合法。沿矿体走向划分若干矿块，再对矿块内部进行结构重组，从传统的矿块内划分矿房与矿柱重组转变为矿块内划分左右矿房，随后在两相邻矿块之间留设用以临时支护的矿柱；左右矿房工作面以阶梯式推进，使矿块内形成了回采矿石的双采场，实现了双采场同时出矿，提高了采场回采工作的协同性；左右矿房回采工作完毕后，以同样的方式回收左右矿柱，再次形成回采矿石的双采场。

9) 柔性隔离层充当假顶的分段崩落协同采矿方法

该采矿方法的创新思维主要运用了组合创新思维；创新技法主要运用了组合法中的异物组合法和主体附加法。以采用中深孔凿岩的无底柱分段崩落采矿法为主体，附属物为铺设的柔性隔离层假顶，使矿石和废石得到有效隔离，其中柔性隔离层运用了异物组合法，将钢丝绳、金属网及聚酯纤维这 3 种材料进行异物组合，形成可供工程使用的新材料；随后形成的柔性隔离层假顶作为主体采矿方法的附属物，避免了矿石与废石的直接接触，属主体附加法。

10) 卡车协同出矿有底柱分段崩落法

该采矿方法的创新思维主要运用了组合创新思维；创新技法主要运用了组合法中的主体附加法。类似于上述的卡车协同出矿分段凿岩阶段矿房法，以垂直深孔落矿的有底柱分段崩落法为主体，将出矿能力较强的卡车作为附属物添入其中，突破矿石转运的限制，采用卡车直接受矿，借助于无轨运输的优势使回采矿石过程中的落矿作业和矿石运搬作业能同步进行，保证了矿石回采系统的协同性。

11) 立体分区大量崩矿采矿方法

该采矿方法的创新思维主要运用了组合创新思维；创新技法主要运用了组合法中的重组组合法。沿矿体走向划分若干矿块，再对矿块内部进行结构重组，通过对大量崩矿技术的渗析，结合其优势，将矿块内部划分为补偿区域和大量崩矿区域，并在大量崩矿区域的三维立体范围内划分爆区，将其作为具有独立切割空间和爆破自由面的分区。在矿块内率先形成补偿区域，随后以区间微差或同时爆破的方式实现所有分区一次性协同集中大爆破，这在很大程度上简化了采场回采工作。

12) 一种连续崩落采矿方法

该采矿方法的创新思维主要运用了组合创新思维；创新技法主要运用了组合法中的主体附加法。以大直径深孔阶段崩落采矿法为主体，将阶段空场采矿法的采矿技术作为附属物添入其中，综合两种采矿方法的采矿优势，将矿体划分为矿块，矿块内部再划分矿房、矿柱，在矿块内回采矿石的过程中，先利用阶段矿房采矿法回采矿房矿石，形成回采后的采空区作为后续矿柱和顶板回采时的爆破补偿空间，随后对间柱、顶柱进行大直径爆破作业，使整个采矿系统在落矿、出矿及空区处理方面得到协同优化。

13) 大量放矿同步充填无顶柱留矿采矿法

该采矿方法的创新思维主要运用了组合创新思维；创新技法主要运用了组合法中的主体附加法和异物组合法。以浅孔留矿采矿法为主体，附属物即为铺设的复合隔离层，使矿石和废石得到有效隔离，属主体附加法；复合隔离层运用了异物组合法，把杂草、麻袋片和防渗土工料等材料进行异物组合，形成可供工程使用的新型材料，属异物组合法；复合隔离层铺设在留矿堆表面，在进行放矿作业的同时又在进行充填作业，形成了一个新的整体，保证了采场回采工作上的协同性，属异物组合法。

14) 垂直孔与水平孔协同回采的机械化分段充填采矿法

该采矿方法的创新思维主要运用了组合创新思维；创新技法主要运用了组合法中的重组组合法。以传统分段充填采矿法为前提，沿矿体的垂直方向划分中段，中段内划分分段，沿矿体走向或垂直矿体走向布置合理长度与宽度的矿房，以此作为回采单元，对其进行结构重组，划分垂直孔、水平孔两大回采区域，先进行垂直孔爆破落矿，随后进行水平孔爆破压采，矿房采下的矿石采用铲运机协同大量出矿，出矿作业完毕后立即进行充填，并预留上分段回采所需凿岩空间，保证了矿山开采系统的协同运作。

15) 分条间柱全空场开采嗣后充填协同采矿法

该采矿方法的创新思维主要运用了组合创新思维；创新技法主要运用了组合法中的重组组合法和异物组合法。以嗣后充填采矿法为基础，将盘曲矿段进行重组并组合成新的划分结构(主、次间柱)，先采次间柱后采主间柱，回采次间柱时保留顶板支撑，进行全空场开采，矿石开采完毕进行一次性充填，属重组组合法；回采主间柱时连带顶板一并回采，边回采边充填，此时充填工艺和回采工艺进行了异物组合，形成了一个新的整体，提高了采矿作业的安全性，属异物组合法。

16) 组合再造结构体中深孔落矿协同锚索支护嗣后充填采矿法

该采矿方法的创新思维主要运用了组合创新思维；创新技法主要运用了组合法中的异物组合法和同物组合法。先在上盘围岩中沿矿体走向掘进凿岩、支护、出矿巷道，采用中深孔布置扇形炮孔并利用中深孔布置锚索支护上盘围岩，使爆破落矿工作和锚索支护工作"合二为一"，即形成爆破落矿与锚索支护的组合，属异物组合法；切顶后构筑的人工假顶又与锚索支护进行组合，起到协同支护的作用，属同物组合法。

17) 底部结构下卡车直接出矿后期放矿充填同步水平深孔留矿法

该采矿方法的创新思维主要运用了组合创新思维；创新技法主要运用了组合法中的主体附加法和异物组合法。以水平深孔留矿采矿法为主体，将出矿能力强的卡车作为附属物添入，放矿的同时卡车直接受矿，属主体附加法；此外，主体水平深孔留矿采矿法还添入了柔性隔离层作为附属物铺设在留矿堆表面，使矿石与废石相隔离，属主体附加法；随着柔性隔离层在留矿堆表面的铺设，落矿作业与废石充填相协调，即矿石落矿与充填作业进行了异物组合，保证了采矿系统的高效运行，属异物组合法。

18)厚大矿体无采空区同步放矿充填采矿法

该采矿方法的创新思维主要运用了组合创新思维;创新技法主要运用了组合法中的主体附加法和异物组合法。类似于大量放矿同步充填无顶柱留矿采矿法,以传统阶段充填采矿法为主体,附属物为铺设的柔性防护层,不仅使矿石和废石得到了有效隔离,还起到了一定的支撑防护作用,属主体附加法;其中柔性防护层运用了异物组合法,把油毛毡、SBS 改性沥青防水卷材等材料进行异物组合,形成了可供工程使用的新材料;随后由于复合隔离层的铺设,在进行放矿作业的同时又在进行充填作业,形成了一个新的整体,保证了采场回采工作上的协同性,属异物组合法。

19)垂直深孔两次放矿同步充填阶段采矿法

该采矿方法的创新思维主要运用了组合创新思维;创新技法主要运用了组合法中的主体附加法与异物组合法。与大量放矿同步充填无顶柱留矿采矿法和厚大矿体无采空区同步放矿充填采矿法相类似,该采矿方法同样采用了以空场嗣后充填采矿法为主体,将引入的聚氨酯钢丝网作为附属物,起到了一定的防护作用,并使矿石、废石得到了有效隔离,属主体附加法;随着聚氨酯钢丝网的铺设,在进行放矿作业的同时又在进行充填作业,即形成了放矿同步充填,形成了新的整体,保证了采场回采工作上的协同性,属异物组合法。

对各协同采矿方法所采用的创新思维与创新技法进行统计,结果见表 8-2。

表 8-2　各协同采矿方法创新思维与创新技法汇总

协同采矿方法	创新思维	创新技法
采场台阶布置多分支溜井共贮矿段协同采矿方法	组合创新	同物组合法、异物组合法
电耙–爆力协同运搬伪倾斜房柱式采矿法	组合创新	主体附加法、同物组合法
一种缓倾斜薄矿体采矿方法	组合创新 移植创新	直接类比法、异物组合法
浅孔凿岩爆力–电耙协同运搬分段矿房采矿法	组合创新	主体附加法、同物组合法
分段凿岩并段出矿分段矿房采矿法	组合创新	同物组合法
卡车协同出矿分段凿岩阶段矿房法	组合创新	主体附加法
协同空区利用的采矿环境再造无间柱分段分条连续采矿法	组合创新 逆反创新	逆向思考法、重组组合法
一种地下矿山井下双采场协同开采的新方法	组合创新	重组组合法
柔性隔离层充当假顶的分段崩落协同采矿法	组合创新	主体附加法、异物组合法

协同采矿方法	创新思维	创新技法
卡车协同出矿有底柱分段崩落法	组合创新	主体附加法
立体分区大量崩矿采矿方法	组合创新	重组组合法
一种连续崩落采矿方法	组合创新	主体附加法
大量放矿同步充填无顶柱留矿采矿法	组合创新	主体附加法、异物组合法(2)
垂直孔与水平孔协同回采的机械化分段充填采矿法	组合创新	重组组合法
分条间柱全空场开采嗣后充填协同采矿法	组合创新	重组组合法、异物组合法
组合再造结构体中深孔落矿协同锚索支护嗣后充填采矿法	组合创新	异物组合法、同物组合法
底部结构下卡车直接出矿后期放矿充填同步水平深孔留矿法	组合创新	主体附加法(2)、异物组合法
厚大矿体无采空区同步放矿充填采矿方法	组合创新	主体附加法、异物组合法(2)
垂直深孔两次放矿同步充填阶段采矿法	组合创新	主体附加法、异物组合法

表 8-2 中创新技法一列，括号内数字表示在该协同采矿方法中对应的创新技法的使用次数，未标明的默认为 1 次。

一般来说，应用创新思维和创新技法次数越多的协同采矿方法，其创新的难度越大，创新性也越强；反之，则相反。

8.4　各创新思维与创新技法所占的比重

8.4.1　各创新思维在各协同采矿方法创新活动中的应用情况

1. 组合创新思维

由表 8-2 统计结果可知，当前提出的所有协同采矿方法均涉及了组合创新思维。采场台阶布置多分支溜井共贮矿段协同采矿方法在溜矿井的结构基础上对其溜矿段进行组合；电耙–爆力协同运搬伪倾斜房柱式采矿法、浅孔凿岩爆力–电耙协同运搬分段矿房采矿法将爆力运搬与电耙运搬组合；一种缓倾斜薄矿体采矿方法将矿石崩落与充填采空区进行组合；分段凿岩并段出矿分段矿房采矿法将划分的分段视矿体禀赋情况进行组合；卡车协同出矿分段凿岩阶段矿房法、卡车协同出矿有底柱分段崩落法将出矿能力高的卡车与出矿结构进行组合；协同空区利用的采矿环境再造无间柱分段分条连续采矿法以采矿环境再造的方式重组采空区结构；一种地下矿山井下双采场协同开采的新方法、立体分区大量崩矿采矿方法、垂直孔与水平孔协同回采的机械化分段充填采矿法对矿块内部结构进行重组；柔性隔离层充当假顶的分段崩落协同采矿方法、大量放矿同步充填无顶柱留矿采矿法、厚大矿体无采空区同步放矿充填采矿方法、垂直深孔两次放矿同步充填阶段采矿法将由多种材料组合成的复合隔离层、复合隔离层、柔性防护层、聚氨酯钢丝网等新型材料与落矿、采空区处理进行组合；一种连续崩落采矿方法将阶段矿房采矿法的采矿技术与阶段崩落采矿法大直径深孔爆破技术进行组合；分条间柱全空场开采嗣后充填协同采矿法对盘曲矿段结构进行重组，回采工艺与充填工艺进行组合；组合再造结构体中深孔落矿协同锚索支护嗣后充填采矿法将爆破落矿与锚索支护进行组合，锚索支护与切顶后构筑的人工假顶进行组合；底部结构下卡车直接出矿后期放矿充填同步水平深孔留矿法将出矿能力高的卡车与出矿结构进行组合，落矿作业与废石充填进行组合。

2. 移植创新思维

表 8-2 中，一种缓倾斜薄矿体采矿方法也采用了移植创新思维，将煤矿开采领域的划分技术、方法移植到金属矿开采领域。

3. 逆反创新思维

表 8-2 中，协同空区利用的采矿环境再造无间柱分段分条连续采矿法采用了逆反创新思维，逆反空场采矿法常规的开采顺序，由先采矿房后采矿柱逆反为先采矿柱后采矿房。

基于上述统计，可以说明组合创新在当前协同采矿方法创新活动中得到了最为普遍的应用，是当前采矿方法创新活动采用的最主流思维；而移植创新思维、逆反创新思维仅分别在一种协同采矿方法创新活动中得到了应用，尚未被广泛采用。

当然，当前应用较少的创新思维并不意味着今后不会被广泛采用。

8.4.2　各创新技法在各协同采矿方法创新活动中的应用情况

1. 组合法

1)主体附加法

表 8-2 中，电耙–爆力协同运搬伪倾斜房柱式采矿法、浅孔凿岩爆力–电耙协同运搬分段矿房采矿法以电耙运搬的采矿法为主体，爆力运搬方式作为

附属物，使得爆力运搬与电耙运搬协同作业。卡车协同出矿分段凿岩阶段矿房法、卡车协同出矿有底柱分段崩落法以传统空场采矿法或崩落采矿法为主体，以出矿能力高的卡车作为附属物，突破矿石转运的限制，借助无轨运输的优势使落矿与出矿作业同步协调地进行。柔性隔离层充当假顶的分段崩落协同采矿方法、大量放矿同步充填无顶柱留矿采矿法、厚大矿体无采空区同步放矿充填采矿方法、垂直深孔两次放矿同步充填阶段采矿法以崩落采矿法、留矿采矿法或充填采矿法为主体，附属物为多种材料异物组合而成的新型材料——柔性隔离层假顶、复合隔离层、柔性防护层、聚氨酯钢丝网，避免矿石、废石的直接接触。一种连续崩落采矿方法以大直径深孔阶段崩落采矿法为主体，阶段矿房采矿法的采矿技术作为附属物，先利用阶段矿房采矿法回采矿房矿石，形成后续矿柱和顶板回采时的爆破补偿空间，随后对间柱、顶柱进行大直径爆破，使采矿系统在落矿、出矿及空区处理方面得以协同优化。底部结构下卡车直接出矿后期放矿充填同步水平深孔留矿法以水平深孔留矿采矿法为主体，以出矿能力强的卡车作为附属物，落矿的同时进行出矿；此外，柔性隔离层作为附属物铺设在留矿堆表面，有效隔离矿石与废石。

2) 同物组合法

表 8-2 中，采场台阶布置多分支溜井共贮矿段协同采矿方法通过增加溜矿段联系各矿层，弥补溜矿功能的不足，便于各矿层协同出矿；电耙–爆力协同运搬伪倾斜房柱式采矿法、浅孔凿岩爆力–电耙协同运搬分段矿房采矿法将爆力运搬与电耙运搬同物组合，联合作用使回采矿石顺利进入溜矿井；分段凿岩井段出矿分段矿房采矿法视矿体禀赋情况将部分分段同物组合，在需合并的各分段底部布置独立的出矿结构，使各分段矿石经出矿结构后共用同一出矿平巷得以协同出矿；组合再造结构体中深孔落矿协同锚索支护嗣后充填采矿法将切顶后构筑的人工假顶与锚索支护同物进行组合，起到协同支护的作用。

3) 异物组合法

表 8-2 中，采场台阶布置多分支溜井共贮矿段协同采矿方法中各溜矿段与溜矿井的贮矿段异物组合，汇聚各矿层回采矿石以便后续放出；一种缓倾斜薄矿体采矿方法在矿房回采完毕后，崩落上覆围岩，切顶充填采空区，矿石崩落与充填采空区异物进行组合，保证了矿石回采的安全性；大量放矿同步充填无顶柱留矿采矿法、厚大矿体无采空区同步放矿充填采矿方法、垂直深孔两次放矿同步充填阶段采矿法在铺设好新型材料后，将落矿与充填作业

异物进行组合,放矿同时进行充填,保证了采场回采工作的安全、高效;分条间柱全空场开采嗣后充填协同采矿法在回采主间柱时连带顶板一并回采,边回采边充填,充填和回采工艺异物组合成一个整体,提高了采矿作业的安全性;组合再造结构体中深孔落矿协同锚索支护嗣后充填采矿法采用中深孔布置扇形炮孔并布置锚索支护上盘围岩,爆破落矿与锚索支护异物组合;底部结构下卡车直接出矿后期放矿充填同步水平深孔留矿法在留矿堆表面铺设柔性隔离层,落矿与充填作业异物进行组合,使落矿作业与废石充填相协调,保证了采矿系统安全、高效地运行。

4) 重组组合法

表 8-2 中,协同空区利用的采矿环境再造无间柱分段分条连续采矿法将较大规模或复杂采空区通过采矿环境再造进行结构重组,划大采空区为小采空区或划连续采空区为孤立采空区,将小采空区或孤立采空区内嵌入矿山开采布局中加以利用;一种地下矿山井下双采场协同开采的新方法沿矿体走向划分矿块,重组矿块内部结构,从传统的矿块划分矿房矿柱重组成矿块划分左右矿房,随后左右矿房工作面以阶梯式推进,形成回采矿石的双采场;立体分区大量崩矿采矿方法沿矿体走向划分矿块,重组矿块内部结构,矿块划分补偿区域和大量崩矿区域,并在大量崩矿区域内划分爆区,实现所有爆区一次性协同集中大爆破;垂直孔与水平孔协同回采的机械化分段充填采矿法重组传统分段充填采矿法内部结构,划分垂直孔、水平孔两大回采区域,先进行垂直孔爆破落矿,随后进行水平孔爆破压采;分条间柱全空场开采嗣后充填协同采矿法重组嗣后充填采矿法中的盘曲矿段形成新的划分结构(主、次间柱),先采次间柱后采主间柱,全空场回采次间柱,回采主间柱时连带顶板一并回采。

2. 类比法

表 8-2 中,一种缓倾斜薄矿体采矿方法从煤矿开采领域划分煤块为条带进行直接类比,将适用于煤矿开采领域的条带式开采植入开采煤系地层覆盖下多层缓倾斜薄矿体(金属矿)的领域,进行机械化条带式开采。

3. 逆向思考法

表 8-2 中,协同空区利用的采矿环境再造无间柱分段分条连续采矿法采用逆反创新思维,将矿块划分矿房、矿柱,先采矿柱并以高配比水泥砂浆胶结充填再造采矿环境,再采矿房并以低配比的水泥砂浆胶结充填。

同创新思维应用规律一样，组合法(主体附加法、异物组合法、同物组合法、重组组合法)在当前协同采矿方法创新活动中得到了广泛应用；而类比法和逆向思考法应用较少。此外，形态分析法、信息交合法、移植法(原理移植、方法移植、结构移植和环境移植)、类比法(仿生类比法、因果类比法、综合类比法)、反求工程法未得到应用。

8.4.3 各创新思维与创新技法在现有协同采矿方法中所占的比重

为更直观地了解各创新思维与创新技法在现有协同采矿方法中的应用情况，对照表 8-1，对 19 种协同采矿方法中创新思维与创新技法所占比重进行统计，结果见表 8-3。

表 8-3 各创新思维与创新技法所占的比重

创新思维	所占比重	创新技法		所占比重
组合创新思维	0.9048	组合法	主体附加法	0.3110
			同物组合法	0.1414
			异物组合法	0.3110
			重组组合法	0.1414
		形态分析法	—	0
		信息交合法	—	0
移植创新思维	0.0476	移植法	原理移植	0
			方法移植	0
			结构移植	0
			环境移植	0
		类比法	直接类比法	0.0476
			仿生类比法	0
			因果类比法	0
			综合类比法	0
逆反创新思维	0.0476	逆向思考法	—	0.0476
		反求工程法	—	0

表 8-3 中，创新思维中组合创新思维应用次数为 19 次(所占比重为 0.9048)，移植创新思维和逆反创新思维各应用 1 次(各自所占比重均为 0.0476)；创新

技法中，主体附加法使用次数为 11 次(所占比重为 0.3110)，异物组合法使用次数为 11 次(所占比重为 0.3110)，同物组合法使用次数为 5 次(所占比重为 0.1414)，重组组合法使用次数为 5 次(所占比重为 0.1414)，直接类比法使用次数为 1 次(所占比重为 0.0476)，逆向思考法使用次数为 1 次(所占比重为 0.0476)。各未得到应用的创新技法所占比重为 0。

由表 8-3 中的比重数据，可以得到如下结论。

1)创新思维方面

(1)组合创新思维是当前协同采矿方法创新活动中最主要采用的创新思维；

(2)移植创新思维与逆反创新思维应用较少。

2)创新技法方面

(1)基于组合创新思维的组合法(主体附加法、同物组合法、异物组合法、重组组合法)得到了相对较为广泛的应用，且组合法中的主体附加法和异物组合法应用频率高于同物组合法和重组组合法；

(2)基于组合创新思维的形态分析法和信息交合法未得到应用；

(3)基于移植创新思维的类比法(直接类比法)得到少量应用，而移植法(原理移植、方法移植、结构移植和环境移植)和类比法(仿生类比法、因果类比法、综合类比法)未得到应用；

(4)基于逆反创新思维的逆向思考法得到少量应用；而反求工程法未得到应用。

8.5 启　　示

未来协同采矿方法创新活动中，一定时段内，仍可继续发挥组合创新思维的指导作用，积极采用对应的主体附加法、异物组合法、同物组合法、重组组合法等主流创新技法，主要通过以下 4 种途径实现。

(1)以发展成熟的传统采矿方法为主体，将部分新结构、新技术附加到传统采矿方法的采场结构或采场回采工作两大方面，形成新型协同采矿方法；

(2)将不同功能、结构、方法等进行异物组合，形成新型协同采矿方法；

(3)将相同功能、结构、方法等进行数量上的叠加，即同物组合，形成新型协同采矿方法；

(4)通过对传统采矿方法的深入分析，将其构造进行解构重组，形成新型协同采矿方法。

与此同时，虽然移植创新思维与逆反创新思维所占比重较低，但不排除二者在未来协同采矿方法的创新活动中的思维指导作用；基于移植创新思维的移植法(原理移植、方法移植、结构移植和环境移植)、类比法(直接类比法、仿生类比法、因果类比法、综合类比法)和基于逆反创新思维的逆向思考法、反求工程法仍有较大的应用潜力，未来仍有可能被用来创造大量新型协同采矿方法。

参 考 文 献

[1] 王保国. 关于创新思维与逻辑思维关系的哲学思考[J]. 延边大学学报(社会科学版), 2015, 48(2): 102-108.

[2] 王传友, 王国洪. 创新思维与创新技法[M]. 北京: 人民交通出版社, 2006.

[3] 洪燕云. 创新思维与创新技法的应用[J]. 茶叶机械杂志, 2000, 7(2): 1-3.

[4] 侯光明等. 创新方法系统集成及应用[M]. 北京: 科学出版社, 2012.

[5] 黄斌. 工科研究生创新能力研究[D]. 广州: 广东工业大学, 2008.

[6] 康永超. 建设创新型国家与确立创新性思维[J]. 广西社会科学, 2006, 22(10): 33-36.

[7] 姚雪莲. 移植思维[J]. 山东青年, 2014, 41(9): 25, 27.

[8] 杨清刚. 逆向思维在海报设计中的应用研究[D]. 天津: 天津工业大学, 2014.

[9] 吉尔伯特·基万森. 发明的科学与艺术[M]. 王立之, 译. 北京: 中国预测研究会, 1985.

[10] 王振宇. 创造发明学[M]. 济南: 山东科学技术出版社, 1992.

[11] Zwicky F. Morphological Astronomy[M]. Berlin: Springer-Verlag, 1957.

[12] 鲁绪芝, 赖惠芬. 基于现代设计方法学的机械创新设计研究[J]. 现代制造工程, 2007, 30(7): 111-113.